사랑하는

_______________를

기다리며

아기와 함께 자라는 초보 엄마 완벽 가이드
도란의 40주 임신 출산 다이어리

지은이 도란
감수 정선화
펴낸이 정규도
펴낸곳 (주)다락원
초판 1쇄 발행 2024년 6월 20일
편집 김가람
디자인 형태와내용사이
다락원 경기도 파주시 문발로 211

내용문의 (02) 736-2031 내선 270
구입문의 (02) 736-2031 내선 250~252
Fax (02) 732-2037
출판등록 1977년 9월 16일 제406-2008-000007호

ISBN 978-89-277-4802-1 (03590)

http://www.darakwon.co.kr
다락원 홈페이지를 통해 인터넷 주문을 하시면 자세한 정보와 함께 다양한 혜택을 받으실 수 있습니다.

아기와 함께 자라는 초보 엄마 완벽 가이드

도란의 40주 임신 출산 다이어리

도란 지음

정선화 감수

다락원

프롤로그

나의 시작은 경쟁이었다.

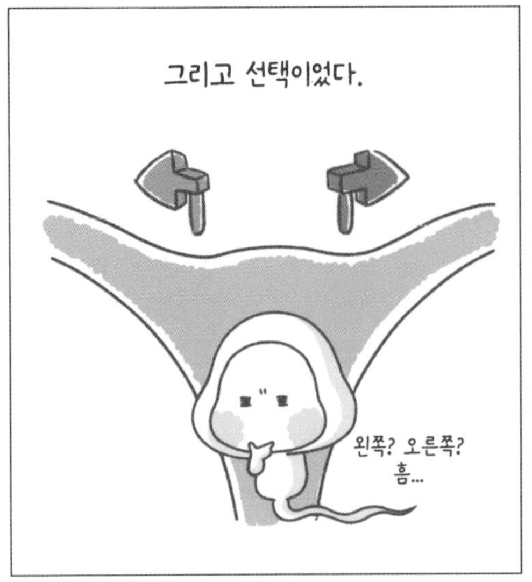

※실제로 난자는 정자보다 40-50배 크다고 합니다.

나는 이곳에서 하루가 다르게 변하는 중이다.
이 집을 떠날 쯤에 나는 얼마나 변해 있을까?

온기 가득한 이 신비한 집에서의 열 달..
기대해 봐도 좋을 것 같다!

이 책의 활용법

〈도란의 40주 임신 출산 다이어리〉는 만화와 다이어리로 구성되어 있어요.

1. 폭풍 공감 임신 웹툰

: 만화는 주차별로 '엄마의 이야기'와 '아기의 이야기로' 나누어져 있어요.
재밌는 만화를 통해 나와 아기의 몸에서 일어나는 변화를 체감해 보세요.

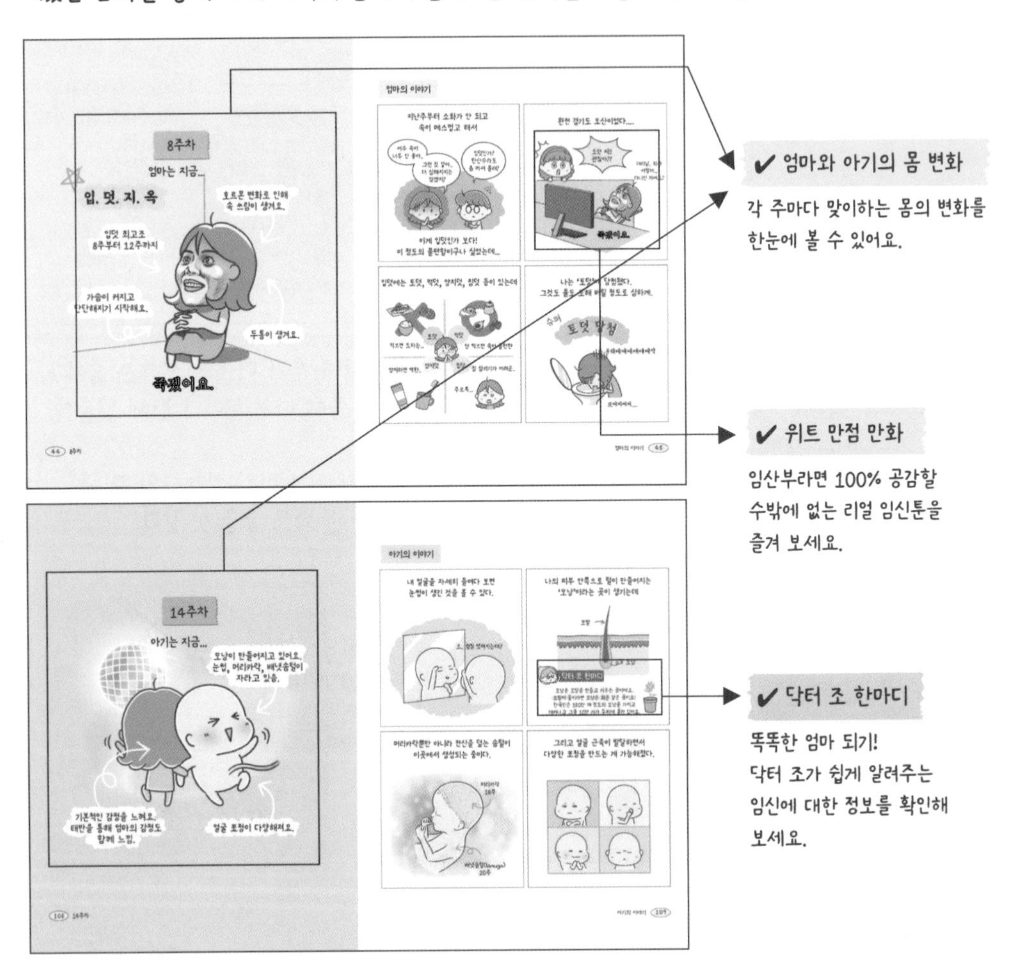

2. 엄마의 다이어리

: 일생에 단 한 번뿐인 소중한 순간! 아기를 기다리는 마음을 나만의 다이어리로 작성해 보세요.

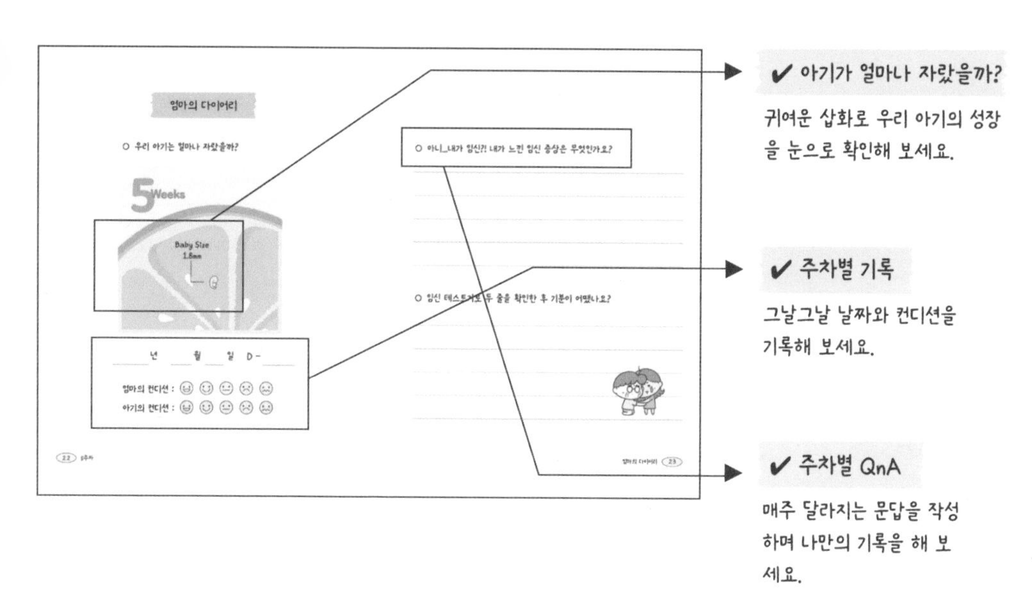

✔ 아기가 얼마나 자랐을까?

귀여운 삽화로 우리 아기의 성장을 눈으로 확인해 보세요.

✔ 주차별 기록

그날그날 날짜와 컨디션을 기록해 보세요.

✔ 주차별 QnA

매주 달라지는 문답을 작성하며 나만의 기록을 해 보세요.

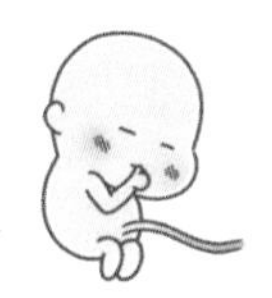

차례

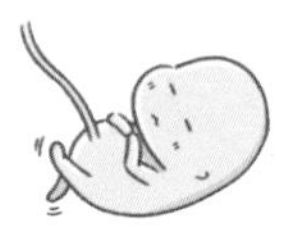

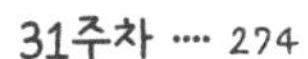

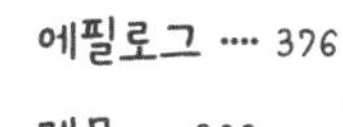

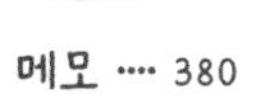

5주차

엄마는 지금...

엄마의 이야기

나는 첫 생리를 시작하고 난 이후
규칙적으로 생리를 한 적이 없다.

사는 데 크게 불편한 점은 없었지만...

결혼 후 임신을 계획하니 배란일을
맞추는 게 어려웠다. 그렇다고 매일 숙제(?)만
하고 있을 수 없지 않은가!?

그래서 사용하게 된 베.테.기!!
(배란일 테스트기)

배란일 직전에 LH 호르몬이
급격히 증가하게 돼
테스트기를 통해 배란일을 확인할 수 있다.

나는 그중 클x어 블x라는 제품을 사용했는데
배란일이 다가오면 '스마일'이 나타난다.

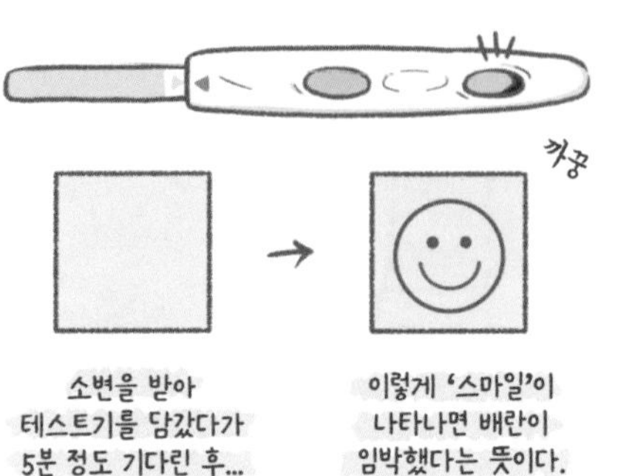

소변을 받아
테스트기를 담갔다가
5분 정도 기다린 후...

이렇게 '스마일'이
나타나면 배란이
임박했다는 뜻이다.

스마일이 나타난 때부터 48시간 이내가
배란이 될 확률이 높다는 것이며

전략적으로 숙제를 할 수 있게 되는 것이다.

그렇게 숙제를 마치고 나면
왠지 몸에 많은 변화가 오는 듯하지만...

홍양이 찾아 온다면 그건 진짜 증상이 아닌
가짜 증상 혹은 생리 전 증후군일 것이다...
(흔히 '증상놀이'라고 한다.)

그렇게 몇 달을 증상 놀이에 지쳐갈 때쯤
그 달은 뭔가... 느낌이 달랐다.

싸늘하다. 가슴에 비수가 날아와 꽂힌다.

오늘을 위해 버린 임테기가 몇 개던가...
(임신테스트기)

두 줄이야!!
임신이라구!!

임신 확인 후 날아갈 것 같이 기뻤지만...
아... 아직이야?
무슨 일 있는 거 아니지?
그냥 알려주면
재미없지...
장난 좀 쳐야겠네
ㅎㅎㅎ

어.. 어떻게 됐어??
그게...
이번 달도 꽝이네...
생리가
늦어지는 건가 봐...

에이~ 괜찮아!
너무 우울해 하지 마~
더 노력하면 되지!
그래... 나 대신
이것 좀 버려 줘...
우리 여보 오늘 맛난 거
먹으러 가야겠네
자... 여기
응~ 나한테 줘

두 줄이 임신이랬지?
다음 달엔 두 줄 볼 수 있을 거야~
어..? 근데 여기 왜
두...줄.....?!!!!
ㅋㅋㅋ
응....?

엄마는 내가 할게
아빠는 누가 할래??
휙!!!!
무..뭐?!?

이런 걸로 장난치지 마아아!!!!
너 진짜
나쁜 아이구나?!?
으허어어엉!!

우리는 그렇게 너를 만났다.
놀랐잖아... ㅜㅜ
마눌 미워!!
미안미안
그래도 좋지?
응! 여기 볼록
나온 게 아기야?
응...아니야
내 배야. 손 떼.

5주차

아기는 지금...

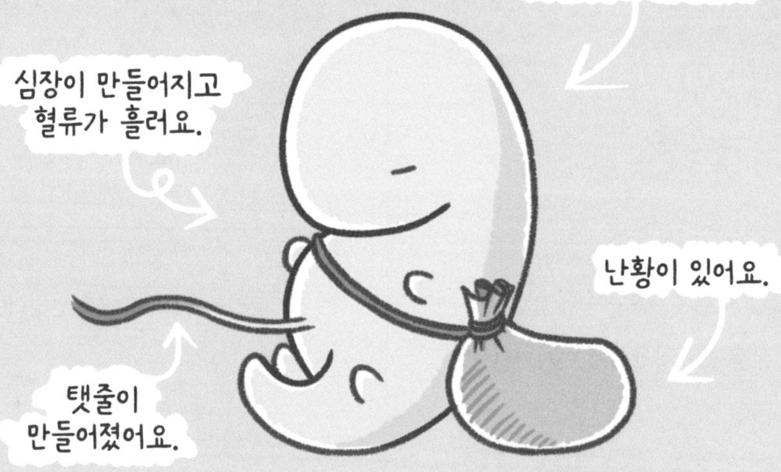
소화, 순환, 신경계
형성이 시작돼요.
심장이 만들어지고
혈류가 흘러요.
난황이 있어요.
탯줄이
만들어졌어요.

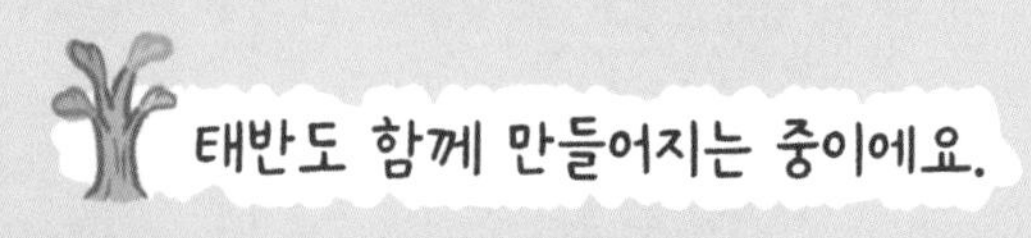
태반도 함께 만들어지는 중이에요.

아기의 이야기

처음 이곳에 들어올 때만 해도
동글동글한 체형이었는데

시간이 지나니 머리와 꼬리가 생겨
길쭉해졌고…

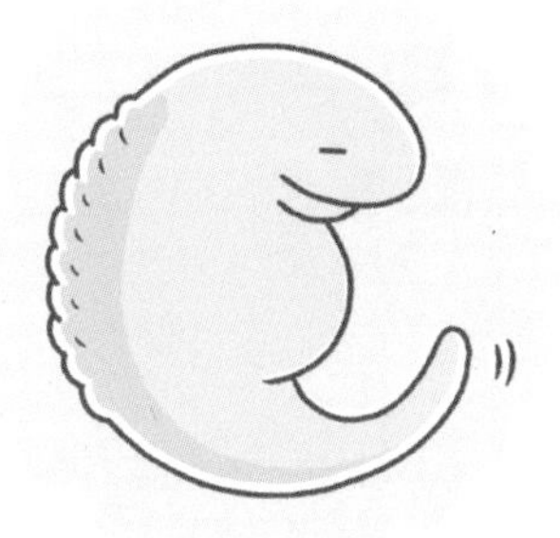

'난황'이라는 주머니가 생겼다.

당분간은 이 주머니에서 맛있는
영양분을 공급받으면 된다.

아쉽지만 이 난황 주머니는 나와 함께
자라다가 10주가 되면 사라진다고 한다.

그리고 우리 집 한쪽에 작은 나무가 심어졌다.
며칠 전부터 이 나무와 나를
연결하는 줄이 생겼는데...

이 줄만 있으면 나무가 주는 다양한
혜택(?)을 누릴 수 있다고 한다.

10달간 없어서는 안 될... 중요한!

그리고, 심장이 뛰기 시작했다.

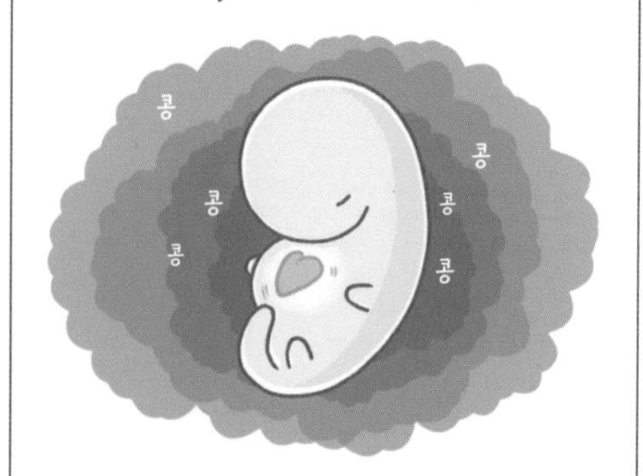

심장 박동과 함께 혈류가 흐르고
온몸이 따뜻해지는 게 느껴졌다.

아직은 작은 나의 이 두근거림이
누군가의 귀에 닿기를 바라 본다.

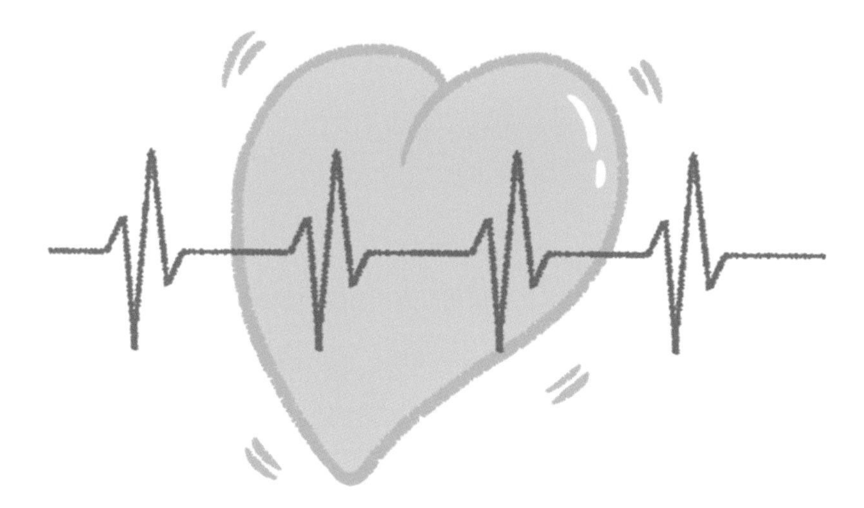

엄마의 다이어리

○ 우리 아기는 얼마나 자랐을까?

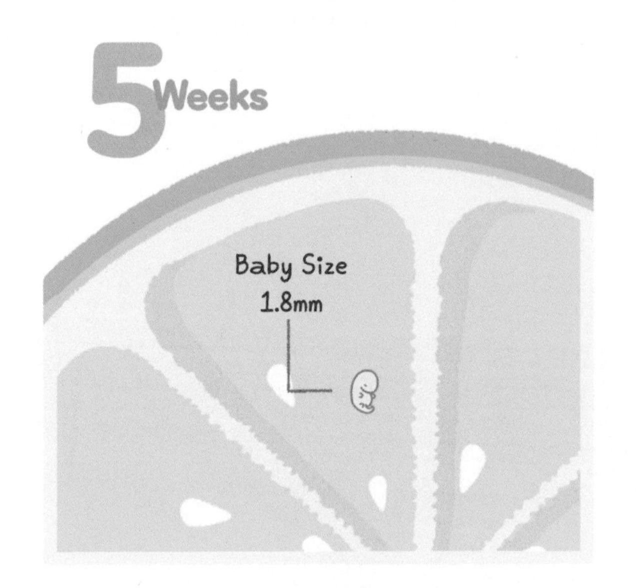

_______ 년 _____ 월 _____ 일 D- _______

엄마의 컨디션 : 😆 🙂 😐 🙁 😖

아기의 컨디션 : 😆 🙂 😐 🙁 😖

○ 아니...내가 임신?! 내가 느낀 임신 증상은 무엇인가요?

○ 임신 테스트기로 두 줄을 확인한 후 기분이 어땠나요?

6주차

엄마는 지금...

저 임신했어요오~~

기초 체온이 올라가요.
0.5~1.0도 올라가고
12주 정도까지 지속돼요.

생리가 끊겨요.

생리통 같은
복부 통증이 있어요.

소변이 자주 마려워요.

질 분비물이 증가해요.

엄마의 이야기

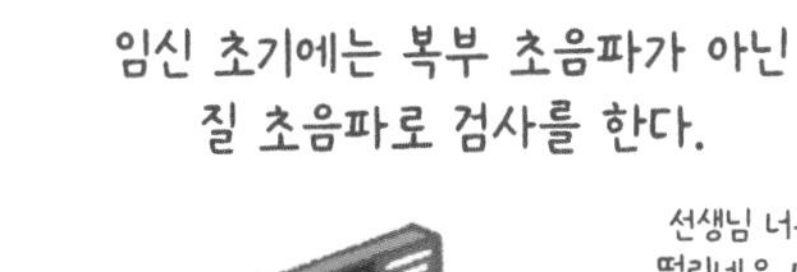

화면에 검고 조그마한 점이 보였다.
'아기집'이란다.

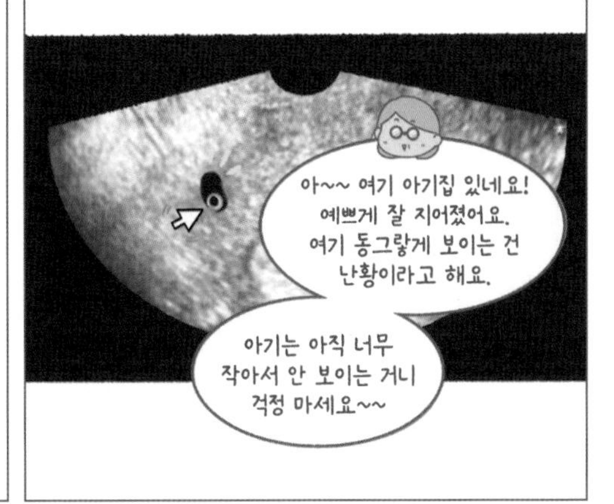

기분이 이상했다. 내 안에 아기가 집을 짓다니..
놀랄 일은 이게 다가 아니었다.

심장 소리가 들렸다.
좁쌀만 한 심장이 힘차게 뛰고 있었다.

내가 생각했던 심장박동 소리와는
사뭇 다른 느낌이었지만

그런 소리마저도 감동이었다.
그리고 이 순간을 함께할 사람이 있다는 것이..

.....?
좋을... 뻔 했다.

산모님 의자에 앉을 때부터
울고 계시던데요??
초음파 사진...
주실 수 있나요?
혼자 올 걸
그랬나...
휙
예~ 그럼요!
뽑아 드립니다.

6주차

아기는 지금...

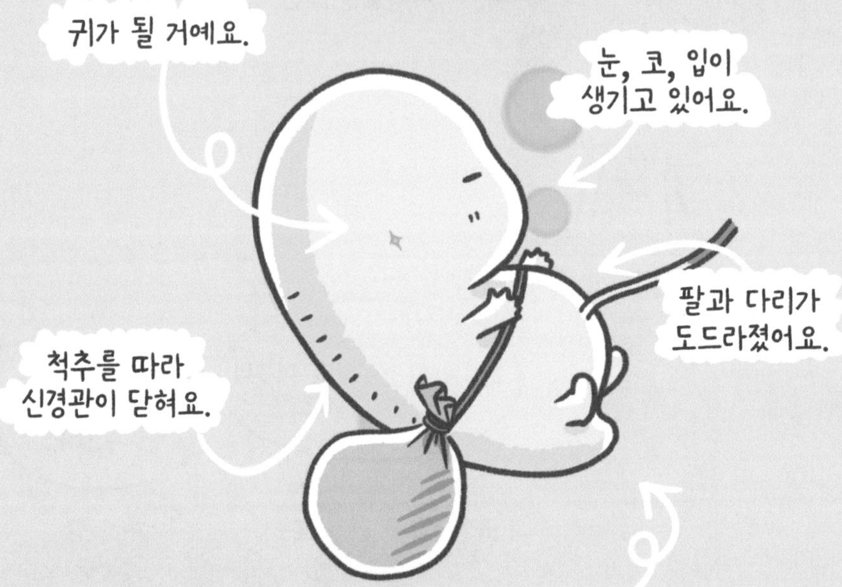

아기의 이야기

꼬리가 있어서 그런가 올챙이 같은 몸매였는데

이번 주에는 꼬리가 많이 줄어 들면서
꽤나 인간(?) 다운 몸매가 되었다.

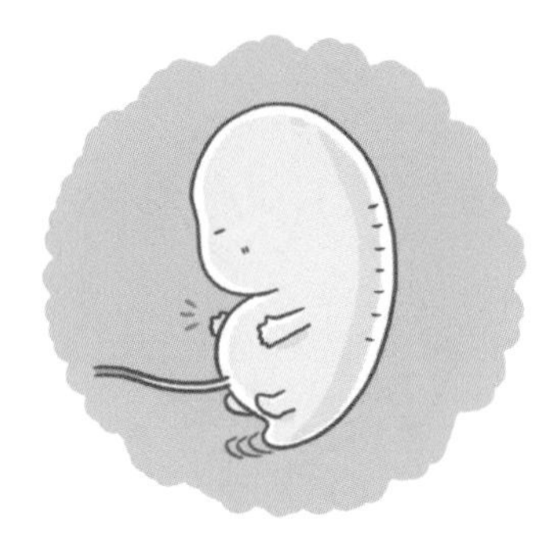

그러면서도 팔과 다리도 더 도드라졌다.

얼굴에도 많은 변화가 생겼다.
눈, 코, 입 그리고 귀가 생길 곳이
만들어지고 있는데

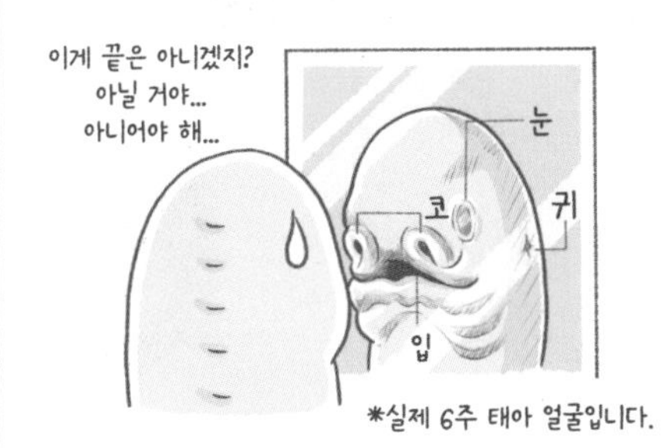

*실제 6주 태아 얼굴입니다.

아직은... 시간이 좀 더 필요해 보인다.

그리고 우리 집에 처음으로 손님이 찾아왔다.

닥터 조는 우리 집 구석구석을 먼저 살피더니
벽도 튼튼하고...
콩 콩
쿠션감도
딱 좋네
집은 아주
잘 지어졌어요.
지내기에
불편한 점이
있나요?

내 몸도 이곳저곳 꼼꼼히 살펴 주셨다.
키랑 몸무게는
아직 너무 작아서
못 재겠네요.
난황도 잘 있고
심장 소리도 좋아요!
저 잘 크고
있나요?
네~ 주수에
맞게 잘 자라고
있어요.

진찰이 끝난 후
닥터 조는 카메라를 꺼냈다.
앞으로 제가 올 때마다
사진을 찍을 거예요.
자, 난황 잘 보이게
앞에 두세요~~
확실한
기록이죠.
남는 건
사진 뿐이라잖아요.
ㅎㅎㅎ

그렇게 찍게 된 나의 첫 사진.
REC
자 찍습니다~
웃어요! 치--즈!!!

그런데...

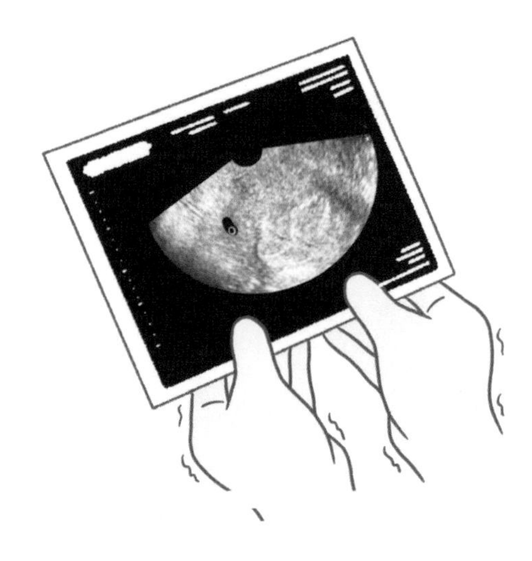

고마해....

어디서 자꾸 우는 소리가
들리는 건...
기분 탓이겠지?

엄마의 다이어리

○ 우리 아기는 얼마나 자랐을까?

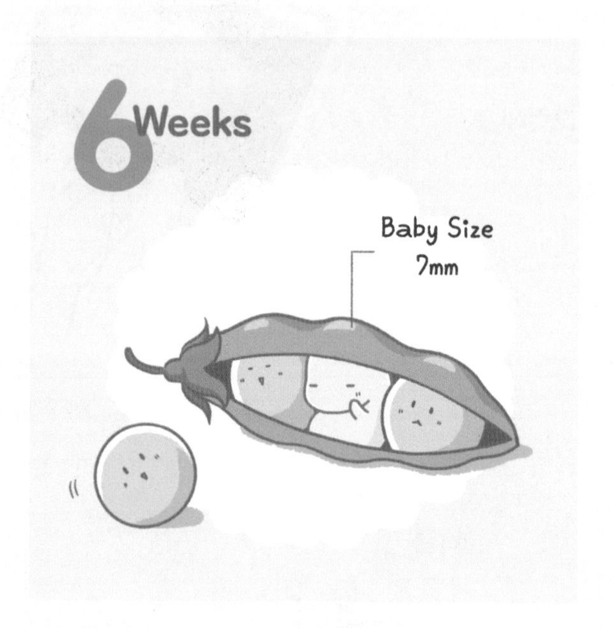

_____ 년 _____ 월 _____ 일 D- _______

엄마의 컨디션 : 😆 🙂 😐 ☹️ 😖

아기의 컨디션 : 😆 🙂 😐 ☹️ 😖

○ 처음으로 아기 심장 소리를 들었을 때 어땠나요?

○ 그 소중한 순간, 남편의 반응은 어땠나요?

7주차
엄마는 지금...
소화가 안 되고
후각이 예민해져요.
산전 검사를
받아요.
임산부
먼저
변비가 생겨요.
호르몬 균형 변화로
인해 우울증이 올 수 있어요.

엄마의 이야기

아기 심장 소리까지 듣고 나니
산모 수첩과 임신 확인서를 주었다.

임신 확인서로 임신 바우처를 신청할 수 있고
국민행복카드로 지원받아 사용할 수 있다.

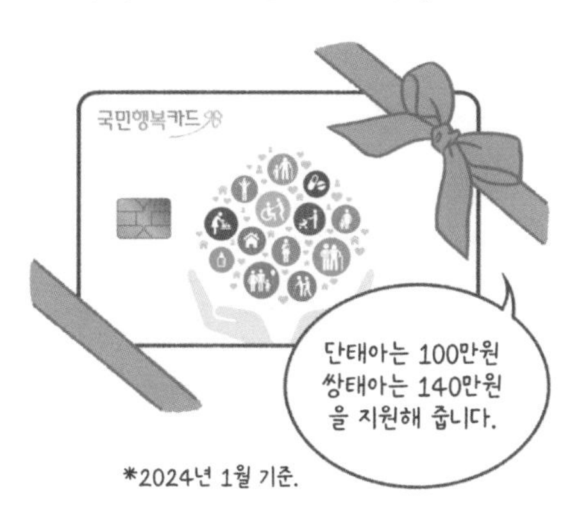

나는 임산부 단축 근무를 신청하기 위해
임신 확인서를 회사에도 제출했다.

임신 12주 이내, 36주 이후부터
1일 근로 시간을 2시간 단축할 수 있는
제도이다.

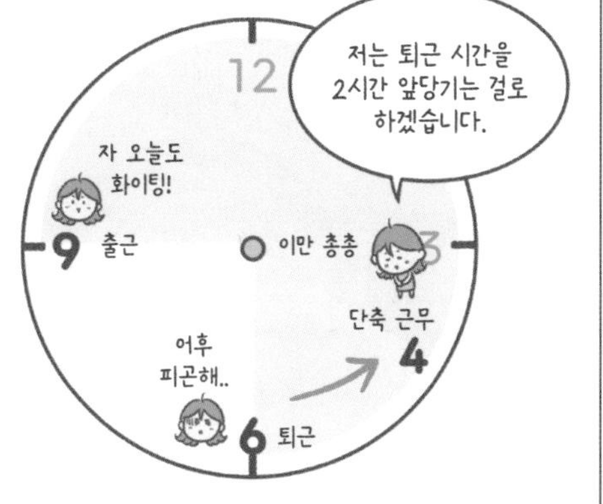

또 임산부라면 보건소에서
무료로 산전 검사를 받을 수 있고

*보건소 방문할 때 신분증과 산모 수첩 또는
임신 확인서를 가져가야 합니다.

12주 이내 임산부에게는 엽산제를
16주 이후부터는 철분제를 지원해 준다.

나는 7주 산모라 엽산을 받아 왔다.

그리고 '임산부 배지'를 받을 수 있는데

티가 나지 않는 초기 임산부들도
이 배지로 임신 중임을 알릴 수 있어

대중교통 이용 시 배려받을 수 있다.

물론... 그렇지 않은 경우도
종종 있지만.

하지만 진짜 시련은 다른 데 있다는 걸...
곧 알게 되었다.

7주차

아기는 지금...

눈에 수정체가 만들어져요.
뇌와 척수의 신경세포 80%가 만들어져요.
*엽산이 뇌와 척수의 발달에 도움을 줌.
눈꺼풀과 혀가 생기기 시작해요.
심장이 완성됐어요.
양수가 차기 시작해요.

아기의 이야기

4주차부터 만들어진 심장은
하나의 형태였지만

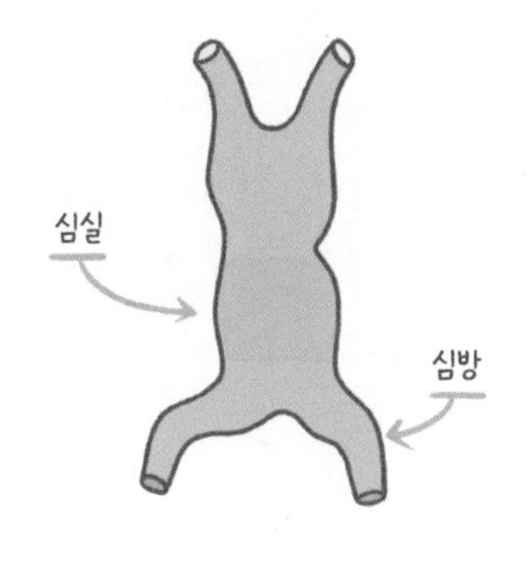

7주차가 되면서 어른과 똑같이 4개의 방으로
나뉘게 되며 완전한 형태를 가진다.

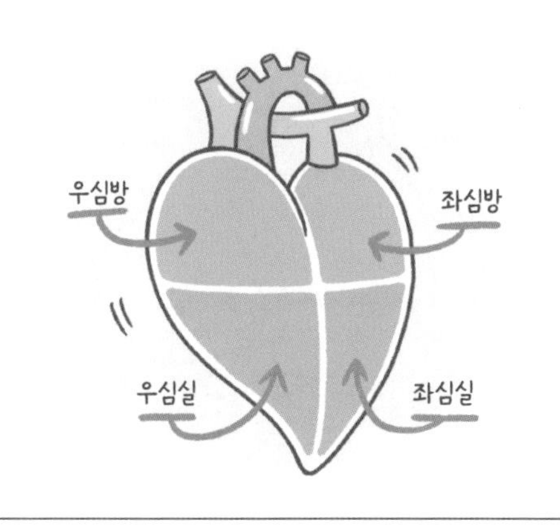

그리고 계속 신경 쓰이는 내 얼굴...

*7주 태아 얼굴입니다.

지난주보다는 좋아 보이지만,

아니야... 아직 아니라고!!!

아! 그리고 며칠 전부터 매일같이
나비 한 마리가 들어온다.

내 머리 위를 빙빙 돌다가 사라지는데
머리가 개운해지고 건강해지는 기분이다.

이번 주는 특히나 머릿속이 더 반짝인다.

그리고 집 안 곳곳에 물이 차기 시작했는데

푹신하고 넘어져도 아프지 않아서 너무 좋다.

나의 매일은 이렇게 별일 없이 평화로운데
며칠 전부터 창밖의 날씨가 심상치 않다.

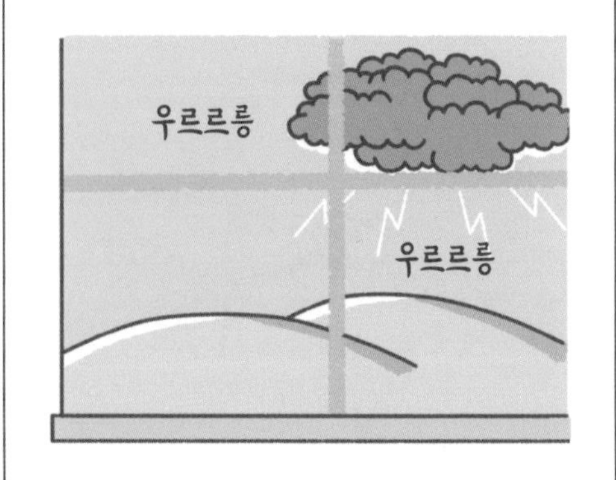

무슨 일일까? 별일 없어야 할 텐데...

엄마의 다이어리

○ 우리 아기는 얼마나 자랐을까?

_____ 년 _____ 월 _____ 일 D- _______

엄마의 컨디션 : 😆 🙂 😐 ☹️ 😖

아기의 컨디션 : 😆 🙂 😐 ☹️ 😖

○ 초기 임산부라 티가 안 나서 속상했던 적이 있나요?

○ 1cm, 콩알만 하지만 열심히 자라고 있을 아기에게 한마디!

8주차

엄마는 지금...

입. 덧. 지. 옥

죽겠어요.

엄마의 이야기

지난주부터 소화가 안 되고
속이 메스껍고 해서
어우 속이 너무 안 좋아..
입덧인가? 탄산수라도 좀 마셔 볼래?
그런 것 같아.. 더 심해지지는 않겠지?
이게 입덧인가 보다!
이 정도의 불편함이구나 싶었는데...

완전 경기도 오산이었다.....
도란 씨!! 괜찮아??
대리님.. 회사 어떻게... 다니신 거예요?
죽겠어요.

입덧에는 토덧, 먹덧, 양치덧, 침덧 등이 있는데
토덧
먹으면 토하는...
먹덧
안 먹으면 속이 불편한
양치덧
양치하면 역한..
침덧
침 삼키기가 어려운..
주르륵...

나는 '토덧'에 당첨됐다.
그것도 물도 토해 버릴 정도로 심하게.
슈퍼
토덧 당첨
우웨에에에에에에엑
으어어어어....

구토는 기본이고 하루 종일 울렁울렁...

멈추지 않는 디스코 팡팡에 탑승한 기분.

살면서 이렇게 힘든 경험을 또 할까
싶을 정도로 괴로운 하루하루를 보내고 있다.

그리고 나는 입덧과 함께
어마어마한 '코머즈'가 되었다...

8주차

아기는 지금...

시신경, 청각 신경이
만들어져요.
소화 기관이
발달 중이에요.
손, 발 형태가
뚜렷해져요.
머리엉덩길이
(CRL)를 측정해
정확한 임신 주수를
알 수 있어요.

아기의 이야기

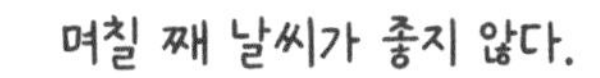

궂은 날씨 때문일까?
나무에 열매가 잘 열리지 않는다.

그래도 비상식량이 있기 때문에
배고플 일은 없다.

약 효과가 복용 후
6~8시간 후부터 나타나니
1일 1회 2정을
취침 전에 드세요~
넵!!!
도와줘
입덧 약!! 제발~~!!

그렇게 등장한 구원투수..!!!
디-레인저 출동!!!

그들의 등장과 함께 전투가 시작됐다.
입덧 폭풍이
상당한데?
물러서지마!!!
타핫!!

어때? 이 정도면
괜찮아진 것 같은데?
안심하긴 일러!
폭풍우는 다시 몰려온다!!
그래! 그럼 다음 팀이 올 때까지
잘 버텨 봐야겠군! 핫핫핫!!

치열한(?) 전투 끝에
맑은 하늘을 되찾았지만
폭풍우는 당분간 계속될
거라고 했다.

입덧 폭풍이 끝나는 그날까지
열심히 싸워주기를

나의 작은 응원을 보내 본다.

엄마의 다이어리

○ 우리 아기는 얼마나 자랐을까?

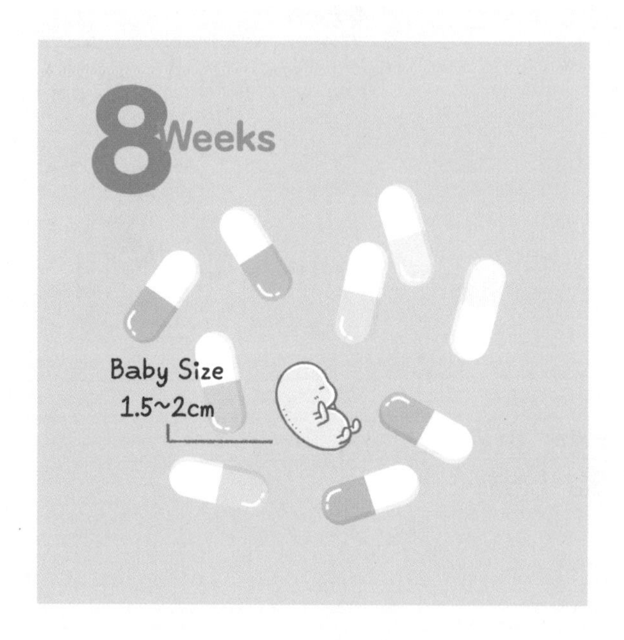

_____ 년 _____ 월 _____ 일 D- ______

엄마의 컨디션 :

아기의 컨디션 :

○ 나의 입덧 증상은 어땠나요?

○ 입덧을 극복하기 위한 나만의 방법은?

9주차

엄마는 지금...

호두야..
안녕~ 엄마야.

입덧은 계속 진행 중.
입덧 때문에 침이 많이 나옴.

자궁이 커지고 있어요.
하복부 통증과 빈뇨가 생김.

피부가 건조해져요.
아기가 엄마의 수분과 미네랄,
비타민을 흡수하기 때문.

엄마의 이야기

입덧 약도 개인차가 있다고 들었는데
다행히도 나에게는 효과가 너무 좋았다.

임신의 기쁨도 잠시. 휘몰아친 입덧 때문에
태명은 정말 생각지도 못 하고 있었다.

요즘은 태명도 정말 다양하게 짓던데...
건강형
건강이
찰떡이
열무
→ 열 달 동안 무럭무럭 자라라고
딱풀이
→ 딱풀처럼 잘 붙어 있으라고
자연, 계절형
봄이. 여름이
가을이. 겨울이
별이. 달이
보름이
새싹이
바다
구름이
희망형
희망이
소망이
사랑이
축복이
행복이
행운이

애칭도 없는 우리에게 태명 짓기란
여간 힘든 일이 아니었다. 그러던 어느 날...
냄새가 너무 좋아서 사 왔어. 한번 먹어 볼래?
호두과자? 괜찮을까? 배고프니까 조금만 먹어 볼게~
아~ 해 봐.
아~

아.. 아니. 늘 먹던 호두과자 아닌가...? 이게... 이렇게 맛있을 일이야?!
속도 너무 편해!!
美 味
맛있어!! 너무 맛있어!!

입덧에 좋다는 음식도 먹으면 울렁울렁
힘들었는데 신기하지 않을 수 없었다.
넘 맛있어!! 울렁거리지도 않아서 계속 먹게 되네? 우리 아기 호두과자 좋아하나 보다.
다행이다!! 호두과자 좋아하는 아기라니.. ㅋㅋ

그렇게 지어진 너의 태명.

안녕? 호두야.

9주차

아기는 지금...

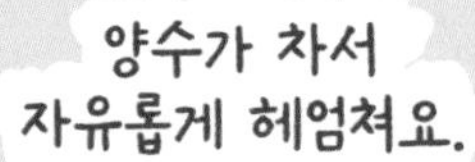
양수가 차서
자유롭게 헤엄쳐요.

얼굴 윤곽이 잡혀
제법 사람 같아요.
코끝이 옆으로 보여요.
배아에서
태아가 됐어요.
생식기 형성이
시작돼요.

아기의 이야기

입덧 폭풍은 완전히 가시지 않았지만
나무에 열매가 조금씩 열린다.

그리고 7주부터 집 안에 차오르던 물이
이제는 헤엄칠 정도가 되었다.

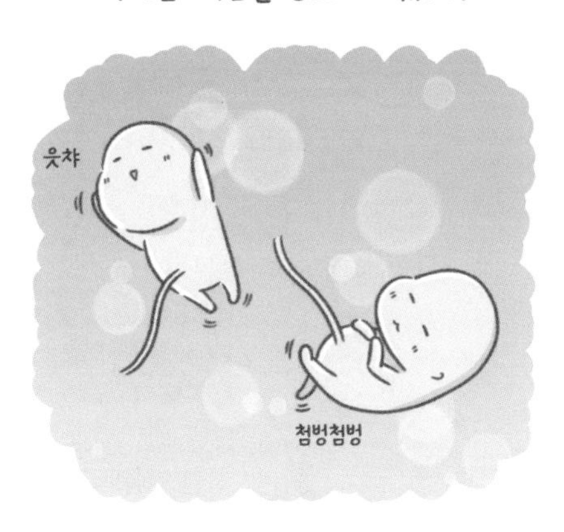

그러다 문득 손을 봤는데
손가락이 선명해지기 시작했다.

2주 만에 만난 닥터 조는
오늘도 내 몸을 구석구석 살펴 준다.
이번 주부터는
키도 잴 수 있어요.
*머리부터 엉덩이까지 재요~
꼼꼼
심장 소리도
좋아요
*머리엉덩길이(CRL)

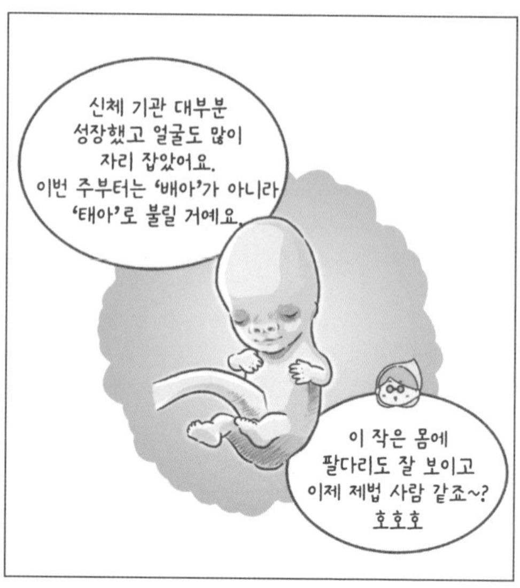
신체 기관 대부분
성장했고 얼굴도 많이
자리 잡았어요.
이번 주부터는 '배아'가 아니라
'태아'로 불릴 거예요.
이 작은 몸에
팔다리도 잘 보이고
이제 제법 사람 같죠~?
호호호

이번 주에 찍는 사진이 특별하다다는
닥터 조.
그래서 이번 주는
사진을 아주 잘 찍어야 해요.
엄마아빠가 엄청
기대하고 있거든요~
왜요?
뭐 특별한 게
있나요?
기대해봐요옹~
자자~ 다리 앞으로 뻗고
팔도 요렇게 요렇게...

아까 초음파로 팔다리
꼬물거리는 거 봤지?
이 시기를 '젤리 곰'
같다고 하더라구ㅋㅋㅋ
어~ 넘 귀엽더라
사진 받았지?
젤리 곰 보여 줘~
보여 줘~
여기 있어~
꼬물거리는
'젤리 곰'♥
신호받았다!

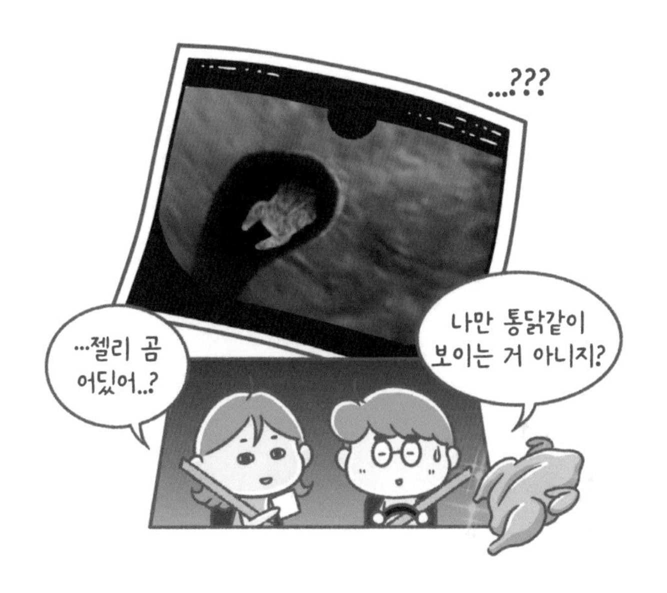

도대체 뭘
품고 있는 거야..

젤리 곰이 되기는 어려워... ㅋㅋㅋ

엄마의 다이어리

○ 우리 아기는 지금 얼마나 자랐을까?

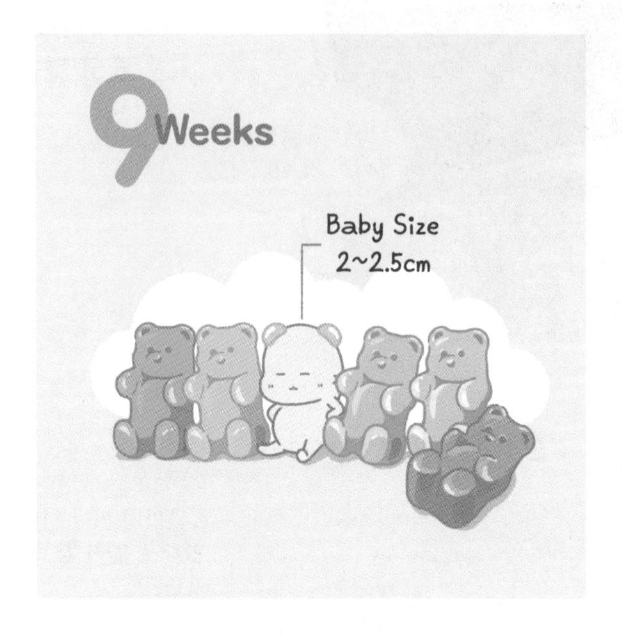

____년 ____월 ____일 D- ______

엄마의 컨디션 : 😆 🙂 😐 ☹️ 😖

아기의 컨디션 : 😆 🙂 😐 ☹️ 😖

○ 아기 태명과 이유를 알려 주세요.

○ 임신 후 가장 먹고 싶은 음식은 무엇인가요?

10주차

엄마는 지금...

드르렁~
드르렁~
피로하고 잠이 쏟아져요.
아기의 성장을 위해 모체의
영양분과 에너지를 쓰기 때문.
입덧....
아직 끝나지 않았어요.
철분을 아기에게 보내
빈혈이 생길 수 있어요.

엄마의 이야기

잠도 쏟아지는데 입덧 약을 먹고 난 후
무기력함까지 추가되었다.

졸려어어어... 힘들어어어... 귀찮아아아...

씻을 힘도 없드아

놀라는 일이 잦아졌다.....

하지만 이렇게 쏟아지는 잠에도
수면의 질은 그다지 좋지 않다.

커지는 자궁으로 인해 화장실을 가기 위해
새벽에도 두세 번씩 깨는 데다

임신 후 하루도 빼먹지 않고
꿈을 꾼다...

자도 자도 피곤한
임산부 라이프라
짝꿍에겐 살짝 미안하지만

어쩐지 도리에게 새로운 친구가
생긴 것 같은 기분이 든다.

10주차

아기는 지금...

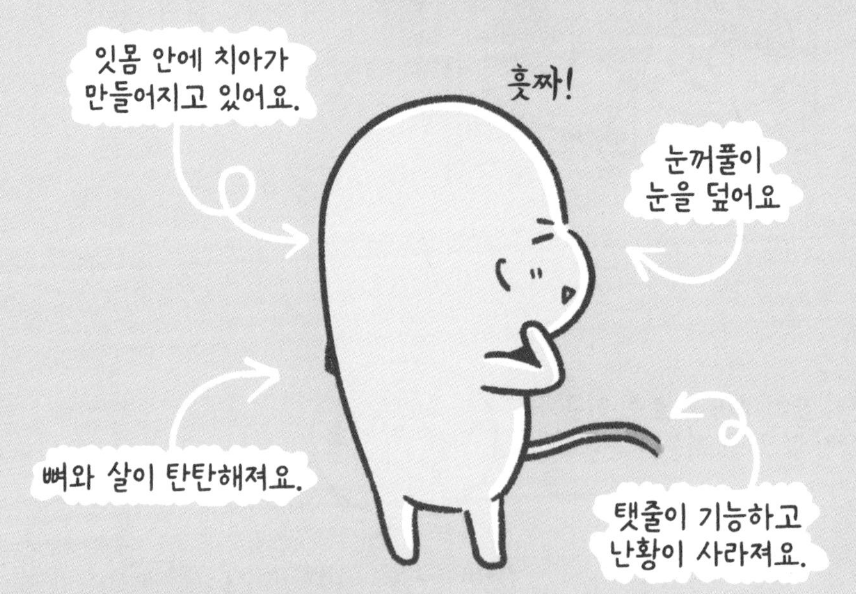

아기의 이야기

내 난황주머니가 점점 작아지더니 사라졌다.

이제는 태반 나무 열매로 배를 채워야 한다.

그리고 요즘 몸이 부쩍 단단해졌다고 느꼈는데...

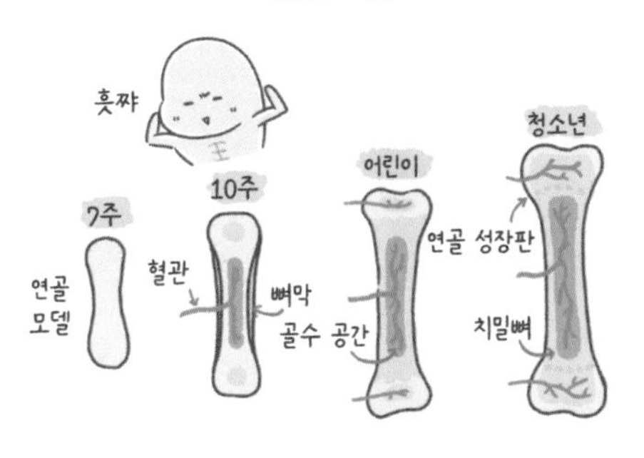

이번 주부터 뼈조직이 생기고 단단해지는 경화가 시작됐기 때문이다.

뼈가 단단해짐과 함께 잇몸 속에 치아도 생기기 시작했다.

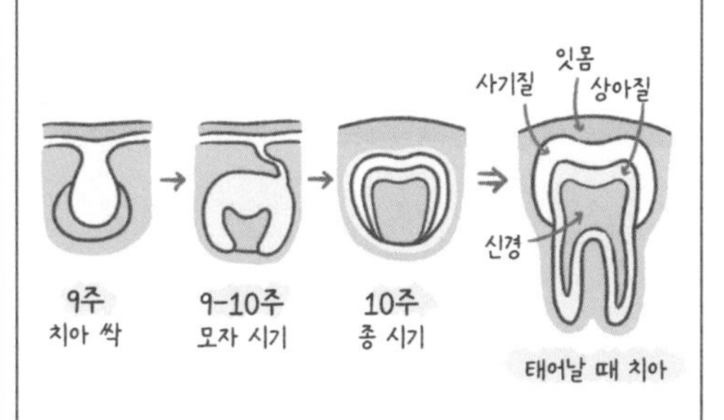

또 눈꺼풀이 자라나 내 눈을 덮었다.
25주 정도 되어야 눈을 깜빡일 수
있다고 한다.

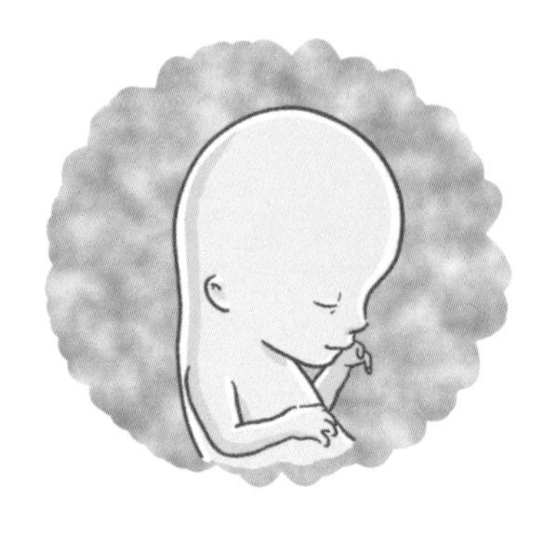

그리고 눈, 코, 입...
이 정도면 몇 주 전에 비해
너무나도 훌륭하지 않은가!

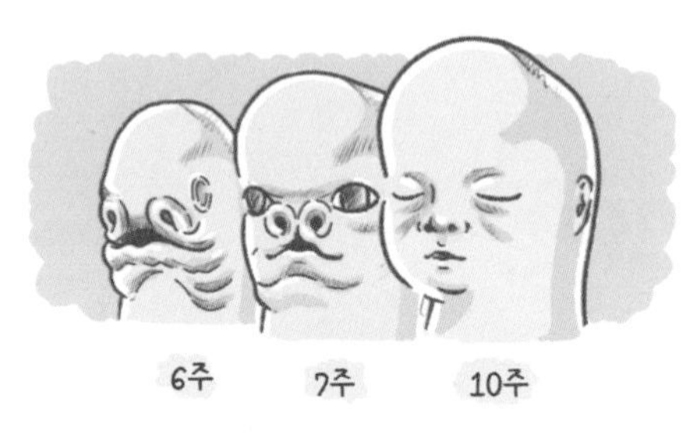

최악의 경우도 생각해야지...

*안구 보호를 위해 모자이크 처리합니다.

엄마의 다이어리

○ 우리 아기는 얼마나 자랐을까?

_____ 년 _____ 월 _____ 일 D- _______

엄마의 컨디션 :

아기의 컨디션 :

○ 요즘 잠자는 건 어떤가요?

○ 아기가 누구를 더 닮았으면 좋겠나요?

11주차

엄마는 지금...

으으으..
속 쓰려...

울렁거림과 속 쓰림이
계속돼서 힘들어요.

임신 호르몬으로 인해
배, 겨드랑이, 유두 등에
색소 침착이 생겨요.

피부가 건조해져
가려움증이
생길 수 있어요.

엄마의 이야기

임신 극초기 속옷에 옅은 피가 흥건히 비쳐
불안한 마음에 병원에 가야 했기 때문이다.

부.. 부장님 제가 실은
임신을 했는데 하혈을 해서요.
벼.. 병원 좀 다녀와도 될까요?

뭐?! 임신?! 하혈?!!
세상에 어서 가 봐!!

벌떡!!

울먹울먹

다행히 별일 아니었고 나는 그렇게
부장님께 이르게 임신을 밝혔더랬다...
아직 너무 초기라 아기집은 안 보이는데요~ 피 검사 수치는 400이 넘어요. 임신 잘 된 것 같으니 걱정 말아요~~!
아니 속옷에 피가 흥건하게 보여 가지고.. 흑 너무.. 놀라가지고
끄윽 끄윽
뭐 잘못됐을까 봐..
원래 임신 초기에 피 비침이 많아요~ 시기상 착상혈일 수도 있구요!

양가 부모님들께는 안정기가 지나고
말씀드리려고 했는데...
12주 정도가 안정기라고 하니까 그때 말씀드릴까?
그래 그러자~
서프라이즈 해 드려야지
다들 엄청 좋아하시겠다!

내 몸이 그리 긴 시간을 허락하지 않았다.
반찬 떨어질 때 된 것 같아서~ 아니 뭐 먹고 다니긴 해? 얼굴은 또 왜 그래~~
아..ㅊ..체했나 봐...
달칵
안절부절
으이고! 작작 먹지! 지난번에 준 매실액 있지? 그거 좀 마셔~

우우웁!!!!!
어.. 어머님!! 도란이 임신했어요!!!
뭐?! 임신??? 그럼 얘 입덧하는 거야?!
내...냉장고 문..조..ㅁ
아이고 도란아 괜찮니?!?

친정 엄마에게 그렇게
임신을 들켜 버..알리고
시부모님께도 바로
알리기로 했는데...

나는 입덧을 물려받고 도리는 눈물을 물려받..

수화기 너머로 왠지
내가 본 듯한
장면이 펼쳐졌을 것 같은..
느낌.

11주차

아기는 지금...

쉬이이이이
얼굴의 근육을 움직일 수 있어요.
성별에 맞는 생식기로 발달하고 있어요.
소변을 배출해요. 태아의 소변은 무균 상태여서 양수나 태아에게 문제되지 않아요.

아기의 이야기

나의 성별은 수정을 하는 순간에 정해지는데 난자가 어떤 정자를 만나느냐에 따라 달라진다.

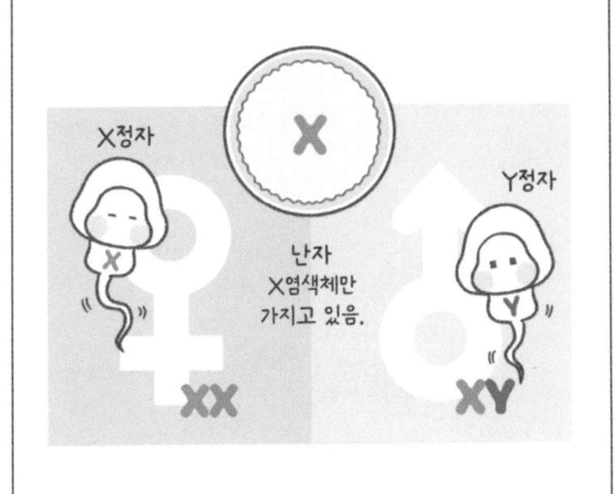

처음에는 남녀 모두 같은 모양의 생식기를 가지고 있다가

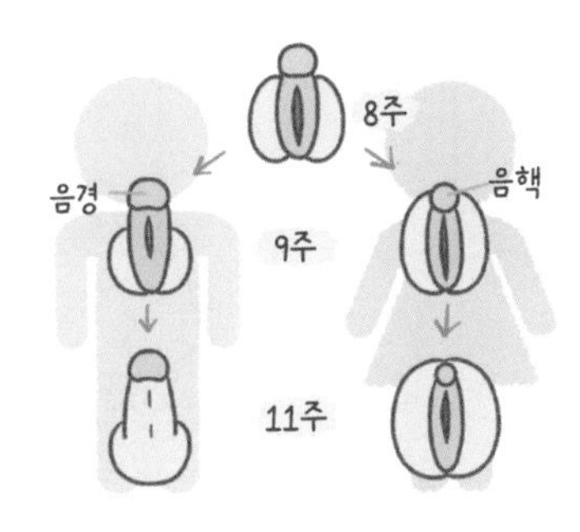

11주 정도에 성별에 맞는 형태로 발달한다.

아직 확실한 형태를 갖추지 않았기 때문에 16주 정도 되어야 나의 성별을 알 수 있다.

그리고 생식기의 발달과 함께 신장 기능이 좋아지면서 소변을 배출할 수 있게 되었다.

그러던 중 우리 집에 누군가 찾아왔다.
음? 누구세요??
스윽

짜잔!! 헬로베베!!
잉? 그게 뭐야?
이거 몰라?
태아 심장 소리 듣는 거래서
당당 마켓에서 구했지!
불안해 하는 거
같길래...
ㅋㅋㅋ 못 살아 증말

저긴가...?
여긴가...?
들리지가 않아!!!
아... 안 들려!
어디지?!
아니.. 뭘 찾으시는데요

어? 왜 안 들리지?
이쪽 맞는 것 같은데
수치가
110~160bpm이 나와야
아기 심장 소리라는데...
뭐야~~ 더 불안해!!!
잘 찾아 봐 더 아래로
취이이이이--
취이이익--

그렇게 이 이상한(?) 아저씨는
종종 우리 집에 나타나게 됐다...

엄마의 다이어리

○ 우리 아기는 얼마나 자랐을까?

_____ 년 _____ 월 _____ 일 D- _______

엄마의 컨디션 : 😆 🙂 😐 🙁 😖

아기의 컨디션 : 😆 🙂 😐 🙁 😖

○ 주변에 임신을 알렸을 때 반응이 어땠나요?

○ 나의 임신을 가장 기뻐한 사람은 누구인가요?

12주차

엄마는 지금...

입덧 끝난다며!!!

1차 기형아 검사를 받아요.
= 혈액 검사 + 초음파 검사
다운증후군,
에드워드증후군
신경관 결손 확인

태반이 가능해
유산의 위험성이
낮아져요.

6주: 13.4%
9주: 3.5%
12주: 1.3%

자궁 크기가
자몽만 해져요.
임신 전에는 달걀만 해요.

엄마의 이야기

들어는 봤는가! 임산부 사이에 전해진다는 '12주의 기적'!!!

기적을 비껴가는 나는 프로 디스코 팡팡러

입덧이 안 끝난 것도 속상한데
단축 근무도 이번 주까지다...
(임신 초기 12주 이내)

널널해서 좋았는데... 힝

그래도 좋은 소식은 태반이 완성되어
유산의 위험성이 낮아졌다는 것이다.

*6주- 13.4%에서 12주-1.3%로 낮아져요.

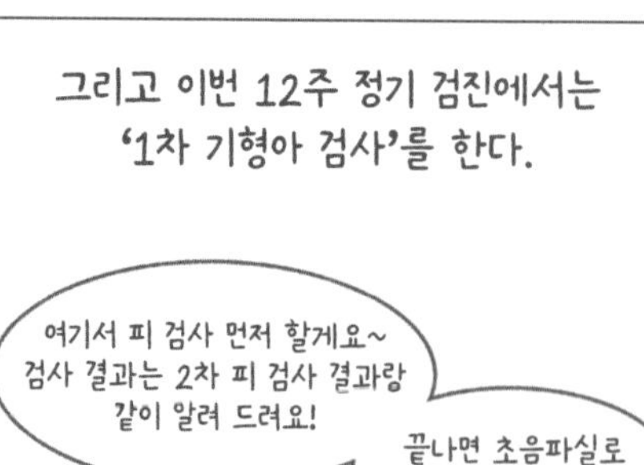
그리고 이번 12주 정기 검진에서는
'1차 기형아 검사'를 한다.
여기서 피 검사 먼저 할게요~
검사 결과는 2차 피 검사 결과랑
같이 알려 드려요!
끝나면 초음파실로
가시면 돼요~

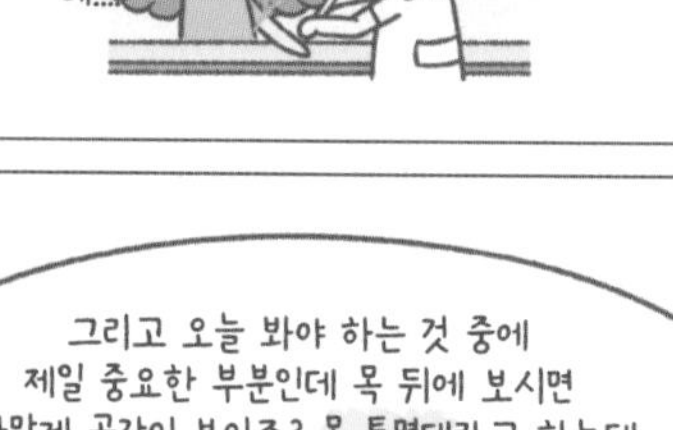
네....

안녕하세요~
오늘은 정밀 초음파라
꼼꼼히 살펴볼 거예요.
먼저 콧대 볼게요.
지금 시기에 코뼈가 없으면
염색체상으로 문제가 될 수 있어요.
여기 코뼈 잘 보이시죠?
네! 오똑하네요!

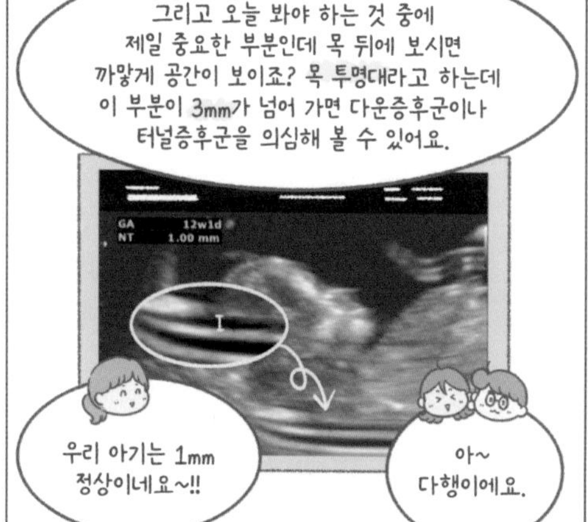
그리고 오늘 봐야 하는 것 중에
제일 중요한 부분인데 목 뒤에 보시면
까맣게 공간이 보이죠? 목 투명대라고 하는데
이 부분이 3mm가 넘어 가면 다운증후군이나
터널증후군을 의심해 볼 수 있어요.
GA 12w1d
NT 1.00 mm
우리 아기는 1mm
정상이네요~!!
아~
다행이에요.

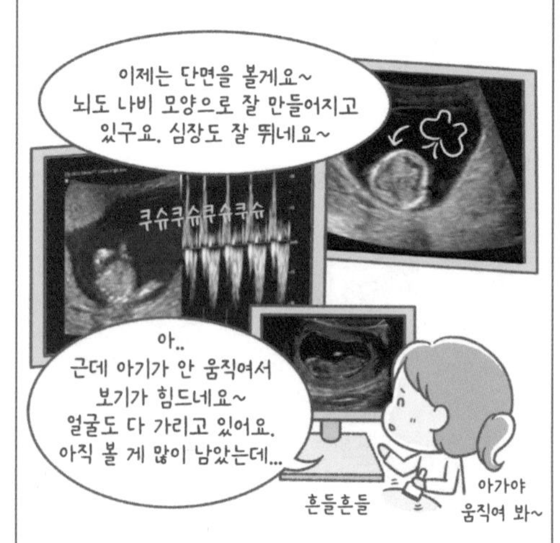
이제는 단면을 볼게요~
뇌도 나비 모양으로 잘 만들어지고
있구요. 심장도 잘 뛰네요~
쿠슈쿠슈쿠슈쿠슈
아..
근데 아기가 안 움직여서
보기가 힘드네요~
얼굴도 다 가리고 있어요.
아직 볼 게 많이 남았는데...
흔들흔들
아가야
움직여 봐~

나의 1차 정밀 초음파,
과연 성공할 수 있을 것인가?!

12주차

아기는 지금...

기분이 조크든요

뇌가 급격히 발달해요.
아직 주름은 없어요.

양수를 마시고 뱉는
호흡 연습을 시작해요.

탯줄이 완전히 기능하고
점점 얇아지고 길어져요.
신생아 탯줄 길이: 50cm

아기의 이야기

태반 나무와 나를 연결해 주는 탯줄은
처음 생길 때만 해도 굵었는데...

시간이 흐를수록 얇고 길어졌다.

그리고 12주 정도에는 나와 태반 나무를
완전하게 연결시켜 준다.

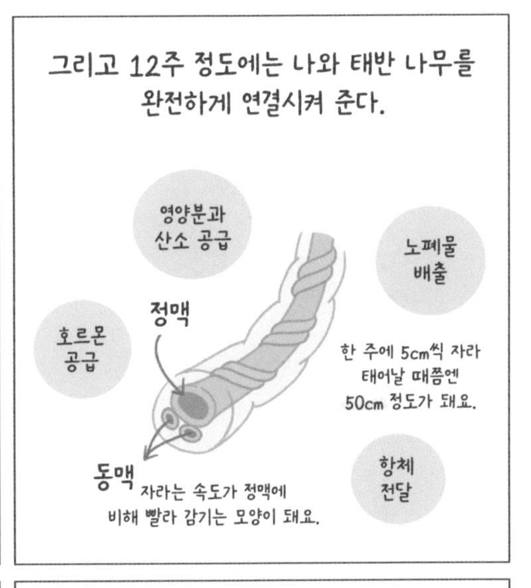

이번 주는 오랜만에 닥터 조를 만났다.

다음은 목 뒤에
목 투명대라고 하는 부분이에요.
이곳은 3mm가 넘으면 안 되는데..
우리 아기는 음.. 1mm!!
아 다행이네요~
정상
비정상

이전엔 5분 내로 끝났던 것 같은데...
오늘은 검사가 길어져서인지 피곤이 몰려온다.
앗!! 아직 좀 남았어요~~
잠들면 안 돼요!!!
흔들흔들
너무 피곤해요....
아휴... 검사할 게
많이 남았는데~~

그때 마침 태반 나무에 열린 열매 하나...
초코
헛!!!! 저것은?!?

일어나서 이것 좀 먹어 봐요!
초코 우유 열매예요~
이거 먹는다고..ㅁ..
어쩜 이렇게
타이밍 좋게~!
호로록

덕분에 1차 기형아 검사...
성공!!!

아! 이제 잘 움직여요~
여기 이 부분이 팔이고...

와~!! 엄청
꼬물거리는데요?!

그러게요~ 근데
이번엔 너무 움직이네요?
하하하...

초코 우유 효과
장난 아닌데??
ㅋㅋㅋㅋ

엄마의 다이어리

○ 우리 아기는 얼마나 자랐을까?

_____ 년 _____ 월 _____ 일 D - _______

엄마의 컨디션 :

아기의 컨디션 :

○ 정밀 초음파로 본 아기의 모습이 어땠나요?

○ 아기에게 들려주고 싶은 노래가 있나요?

13주차

엄마는 지금...

유선의 발달로 유방통이 생겨요.
유륜이 가렵거나 통증을 느낌.
누가 이 냄새 좀..!!
현기증이 날 수 있어요.
혈액이 자궁으로 몰리면서
뇌로 가는 혈액이
부족해서 생김.
배가 슬슬 나와요.
튼살에 주의!!

엄마의 이야기

입덧과 함께 후각이 예민해진 나는
'코머즈'가 되었다...
앗!! 이 냄새는?!
미국에 소머즈가
있다면 한국엔
코머즈가 있다!!

세상 온갖 냄새를 맡을 수 있는
능력이 생겼는데
와아~!!
세상에!!
냄새가 보이는
느낌이야~!

죄다 역하다는 게 문제다...
우웁!!!!

구수했던 밥 냄새는 온데간데없이 사라지고
물에서는 비린내가 진동을 한다.
으으..
뭐지..?
쉬었나?
비려!!
삼킬 수가 없어!

냉장고 탈취제의 존재가 무색하게
냉장고에서는 음.쓰 냄새가 진동하며

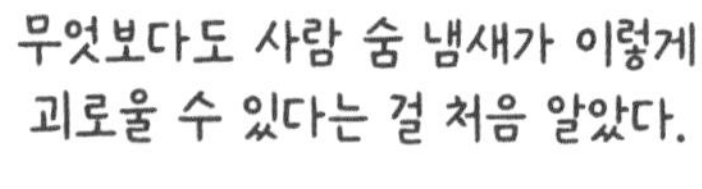
무엇보다도 사람 숨 냄새가 이렇게
괴로울 수 있다는 걸 처음 알았다.

도리도 예외는 아니었는데..

아.. 아니야..
내가 예민해진 거지
도리가 뭔 잘못이야 흑
평소에 숨 쉬면
꽃 냄새가 나는
사람인데
음..?
아! 그래 이거야!
Lotion
어떠한 역경도 함께
헤쳐 나가요.
슬기로운 부부 생활♥
며칠 전부터
코밑에 뭘
바르는 거야~?
아.. 그냥.. 좀
건조한 것 같아서~
하.. 하핫

13주차

아기는 지금...

손톱, 발톱 생성이
시작돼요.
손톱 34주, 발톱 38주에 완성!
신경 기능이 발달해요.
걷기 반사: 발로 차거나 구름.
잡기 반사: 손을 꼭 쥠.
첨벙첨벙
꽈악
지문이 생기고 있어요.

아기의 이야기

지난주 닥터 조가 돌아가기 전
이런 얘기를 해줬다.
어디 보자~ 아!
우리 아가 아빠 엄마가
이름을 지었던데..
어디 보자~ 호두!
호두네요? 앞으로
'호두'라고 부를게요.
호두??

나의 이름과 엄마, 아빠에 대한 이야기.
'호두'는
여기 지내는 동안
불려질 이름인 거고~
겉바속촉
이라네요?ㅋㅋ
엄마 아빠는 호두를 만든
사람들이죠! 이 집을 나가면
만날 수 있어요~~!
아~ 그렇구나?
이곳은 엄마의 자궁에
있는 집인 거구요.

이곳에서의 40주가 지나면
엄마 아빠를 만날 수 있다고 한다.
다음주면 14주가 되니까..
임신 중기로 들어서네요!
호두~
잘 자라고
있어요!
쓰담쓰담
임신 초기
~13주
임신 중기
14주~27주
임신 후기
28주~42주

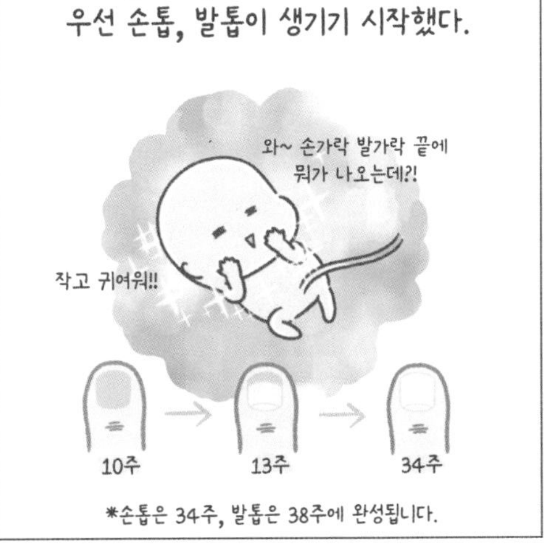
임신 중기를 맞이하는 이번 주의 내 모습은...
우선 손톱, 발톱이 생기기 시작했다.
와~ 손가락 발가락 끝에
뭐가 나오는데?!
작고 귀여워!!
10주
13주
34주
*손톱은 34주, 발톱은 38주에 완성됩니다.

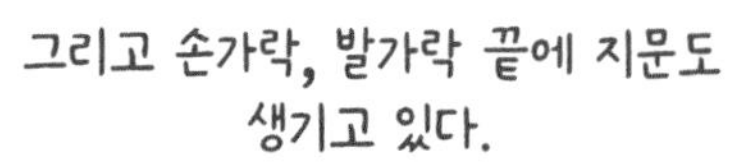
그리고 손가락, 발가락 끝에 지문도
생기고 있다.

volar pad
9주
13주
닥터 조 한마디
손가락, 발가락 끝에
볼라 패드(volar pad)라는
판이 자랐다가 피부에 흡수되면서
흔적을 남기는 것이 '지문'이 된답니다!

제일 신기한 건 반사 신경이 생긴 건데
그중 첫 번째는...
즐거운
수영 시간~
첨벙 첨벙

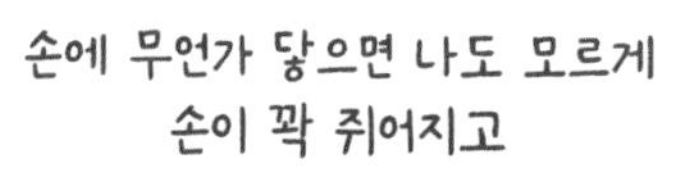
손에 무언가 닿으면 나도 모르게
손이 꽉 쥐어지고

꽈-악
응??
잡기반사
이런 것도
되네? 꺄

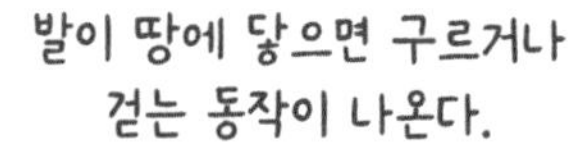
발이 땅에 닿으면 구르거나
걷는 동작이 나온다.

다리가 저절로
올라가네?
점프!!!
걸기반사

그렇게 바쁘게 움직이며
하루를 보내고 있는데
어디선가 낯선 소리가 들렸다.

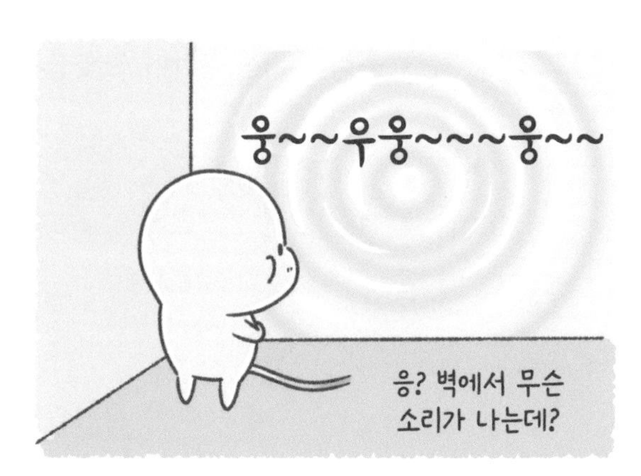

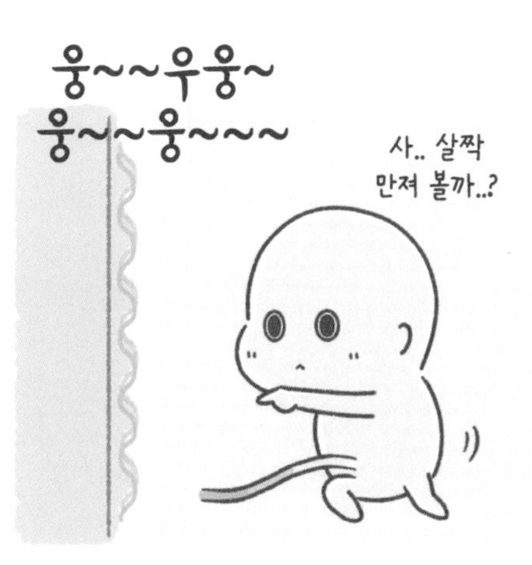

한 번도 이런 적 없었는데...
무슨 일이 벌어지고 있는걸까..?

엄마의 다이어리

○ 우리 아기는 얼마나 자랐을까?

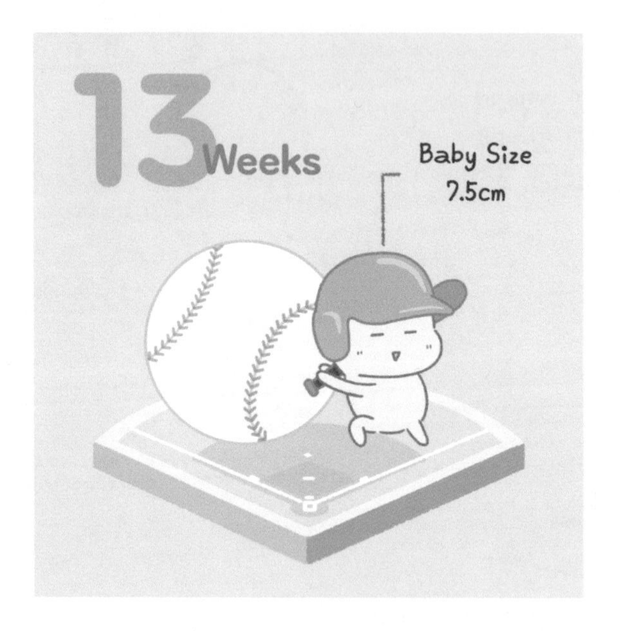

______ 년 _____ 월 _____ 일 D- ________

엄마의 컨디션 :

아기의 컨디션 :

○ 예민해진 후각 때문에 힘들 때는 언제인가요?

○ 나만의 냄새 극복 방법은 무엇인가요?

14주차

엄마는 지금...

프로락틴의 영향을 받아
유두가 커지고 진해져요.

누가 내 가슴에
빅파이.....?

배를 만지면 태아가
나의 손길을 느껴요.

양수가 꾸준히 늘고 있어요.
32주까지 증가, 37주까지 유지
그 뒤 일주일에 8%씩 감소.

엄마의 이야기

임신을 하게 되면 우리 몸은 아기에게 줄 젖을 만들기 위해 '프로락틴'이라는 호르몬을 만든다.

이 호르몬으로 인해 가슴 통증이 생기고

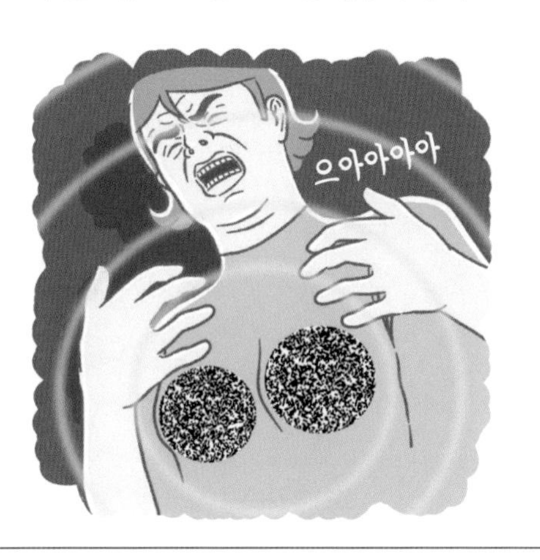

가슴이 커지게 되는데..!!!

함께 커지고 있는 구성원(?)들 때문에 많이 당황스러운 나날을 보내고 있다.

가슴 못지않게
겨드랑이에도 변화가 생기며
응? 뭐야?
뭐 묻은 건가?
왜 이렇게
까맣지?
어?? 안 닦여?!?!
응. 색소 침착이야.

똥배인 줄 알았던 아랫배도 단단해지고
더 볼록해진 느낌이 든다.
도란 씨 이제
배 좀 나왔어?
원래도 나와 있던 배라...ㅋ
근데 좀 단단해진 것 같아요~
아! 태동은 언제부터
느낄 수 있어요?
음.. 초산이니까
18~20주 정도는 돼야
느껴질 것 같아

아! 지금 14주라고 했나?
그쯤부터는 아기가
엄마가 배 만지는 걸
느낀다고 하더라??
우와~ 정말요??

헛! 이게 뭐지?!
닥터 조가 여기가 엄마의
자궁이라고 했으니까...
엄만가..? 어디 한번~
웅~~웅~~

너의 대답을 느낄 그날을 기다리며…
나의 온기를 보내 본다.

14주차

아기는 지금...

모낭이 만들어지고 있어요.
눈썹, 머리카락, 배냇솜털이 자라고 있음.
기본적인 감정을 느껴요.
태반을 통해 엄마의 감정도 함께 느낌.
얼굴 표정이 다양해져요.

아기의 이야기

내 얼굴을 자세히 들여다 보면
눈썹이 생긴 것을 볼 수 있다.

나의 피부 안쪽으로 털이 만들어지는
'모낭'이라는 곳이 생기는데

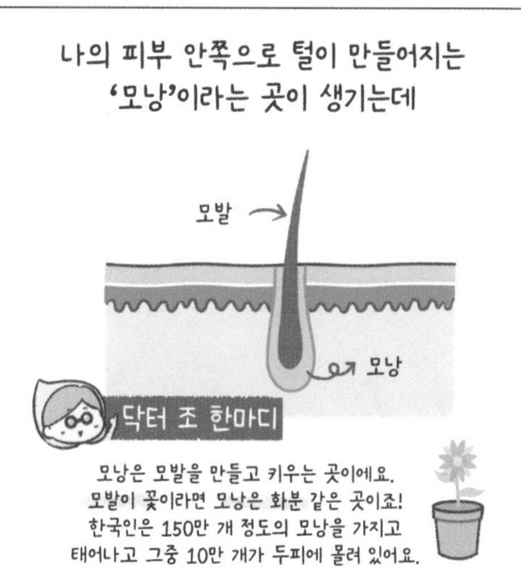

머리카락뿐만 아니라 전신을 덮는 솜털이
이곳에서 생성되는 중이다.

그리고 얼굴 근육이 발달하면서
다양한 표정을 만드는 게 가능해졌다.

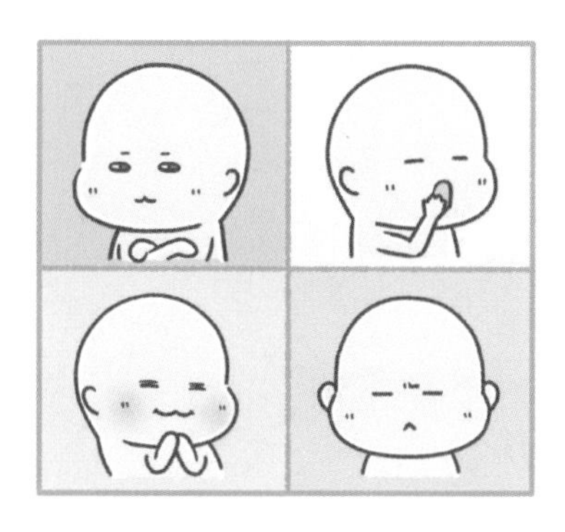

다양해진 표정과 함께 기쁨, 슬픔, 불안, 화...
같은 기본적인 감정이 생겼다.

놀라운 것은... 태반 나무를 통해
엄마의 감정을 함께 느낄 수 있다는 것이다.

엄마가 기분이 좋으면 엔돌핀을 만나고

기분이 좋지 않으면... 그녀를 만나게 된다.

스트레스 호르몬 '코르티솔'
그녀를 만나면 나도 같이
우울해지는 느낌.

가끔은 둘이 함께
나타나기도 하는데
밖에서 무슨 일이
벌어지고 있는 걸까?

엄마의 다이어리

○ 우리 아기는 얼마나 자랐을까?

_____ 년 ____ 월 ____ 일 D- ______

엄마의 컨디션 :

아기의 컨디션 :

○ 임신 후 가장 변한 신체 부위가 어디인가요?

○ 나의 손길을 느끼고 있을 아가에게 한마디 해 주세요.

15주차

엄마는 지금...

어흐흐흑

유즙이 나올 수
있어요.

높아졌던 기초 체온이
다시 떨어져요.

스트레스에 대한
면역력이 떨어져요.
감정 기복이 심해져요.

엄마의 이야기

나 도란, 원만한 대인 관계와
슬기로운 사회 생활을 위해 완벽하게
감정 컨트롤을 하고 살아 왔는데...

임신 후 찾아 온 호르몬의 변화가
그 제어 장치를.. 완전히 부숴 버렸다.

한없이 기쁘고 행복하다가도....

갑자기 분노가 폭발하고

눈물과는 거리가 먼 나였는데...
와.. 감.동.이.다.
눈.물.이 다.나.네
눈물... 어디?
훌쩍 훌쩍
어흐으으윽
와그작
와그작

호두야~ 아빠가
자장자 불러 줄게
엄마가 섬그늘에~
굴~ 따러 가면~
아기는 혼자 남아~
호두는 좋겠다.
아빠가 노래도...

노래 듣다 울고....
어흐으으윽!!!!
왜.. 왜 내가
뭐 잘못했어??
아니..애가..혼자...
남는 대잖...으...따흐으윽!!
안절부절

전화하다 울고....
도란아~~
몸은 좀 어때??
먹고 싶은 건 없어?
엄마.. 나...
먹고 싶..으..ㄴ..커흡!
괜..차..ㄴ..따흑!!
어머! 얘 우니?
무슨 일 있어?
아니.. 어마.. 목소리
드르니까하아 흐으윽

눈물 버튼이 고장 나...
울보가 됐다.

요동치는 나의 감정에
너는 괜찮은지...
걱정되는 날이 많아진다.

15주차

아기는 지금...

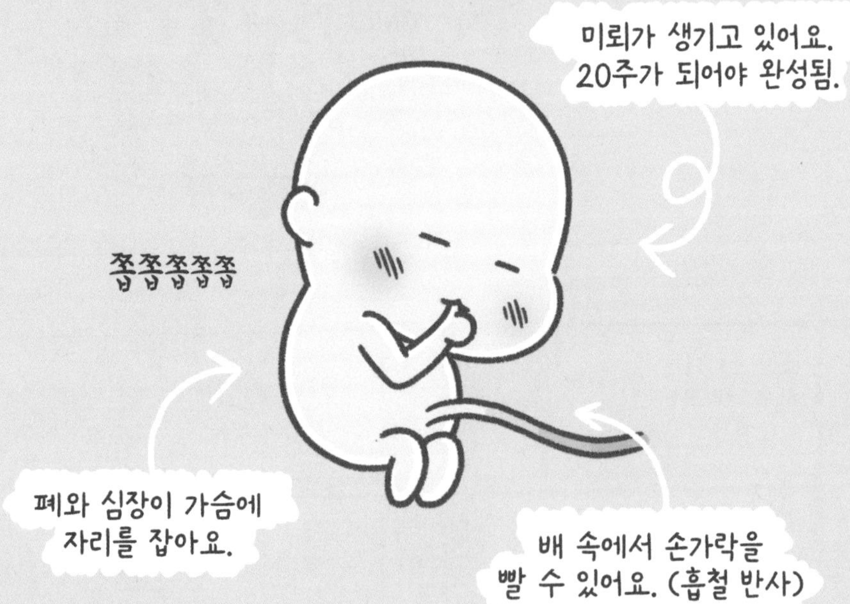

미뢰가 생기고 있어요.
20주가 되어야 완성됨.

쫍쫍쫍쫍쫍

폐와 심장이 가슴에
자리를 잡아요.

배 속에서 손가락을
빨 수 있어요. (흡철 반사)

아기의 이야기

이번 주에는 목 주변에 있던 폐와 심장이 가슴으로 내려와 자리를 잡았다.

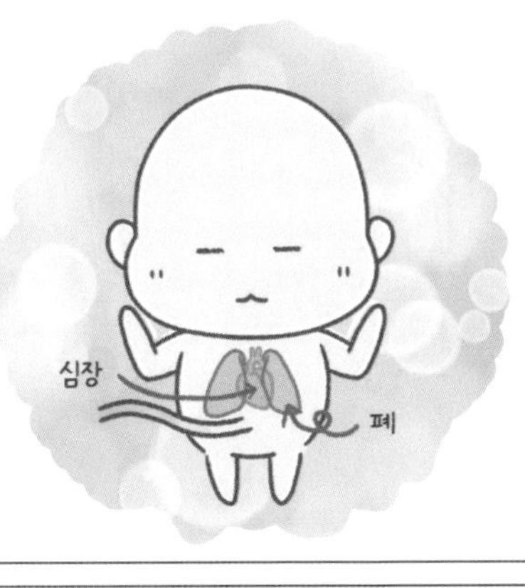

그리고 사람의 혀와 입천장에는 '미뢰'라는 것이 있는데
맛을 느끼는 감각 세포가 모여있는 세포.

이번 주부터 생기기 시작해 20주 정도 되어야 완전해진다.

아직 맛을 보진 못하지만 내가 요즘 즐겨 먹는(?) 것이 있는데...

그건 바로 손가락!
내 손가락이다ㅋㅋㅋ

우연히 입가에 스친 손가락이 입으로
들어온 순간!
알 수 없는 편안함이 느껴졌다.

그리고 나의 생식기는 바깥에서
확인할 수 있을 정도로 완성되었다.

아마 다음에 닥터 조를 만나는 날이면
엄마 아빠도 나의 성별을 알 수 있을 거다.

부디 내가 엄마 아빠의
기쁨이 될 수 있기를..

엄마의 다이어리

○ 우리 아기는 얼마나 자랐을까?

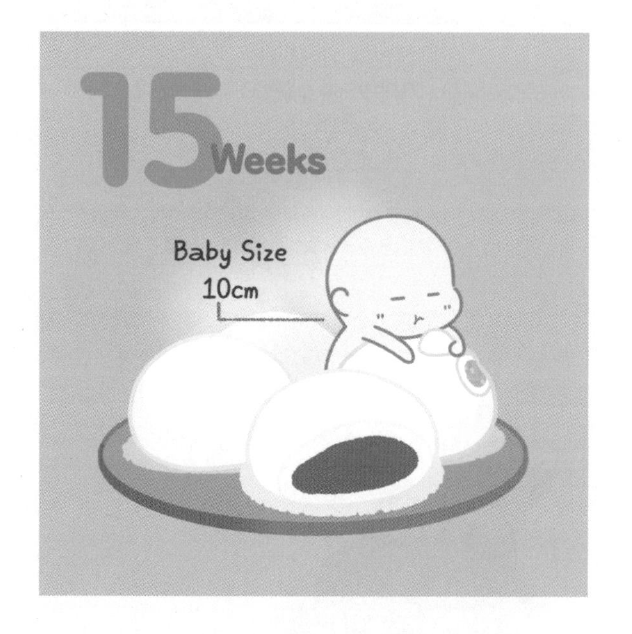

_____ 년 _____ 월 _____ 일 D- _______

엄마의 컨디션 : 😆 🙂 😐 🙁 😖

아기의 컨디션 : 😆 🙂 😐 🙁 😖

○ 요즘 나의 눈물 버튼은 무엇인가요?

○ 임신 후 걱정되는 게 있나요?

16주차

엄마는 지금...

보인다..
미사일...
삼각점...
입덧 증상이
줄어 들어요.
혈액이 임신 전에 비해
40%까지 증가해요.
심장박동이 빨라져 피로감.
2차 기형아 검사를 받아요.
혈액 검사만 함.

엄마의 이야기

나는 남동생이 하나 있다.
어릴 적부터 육아 난이도 '최상'이었는데...

도동아!!!

죄송합니다...

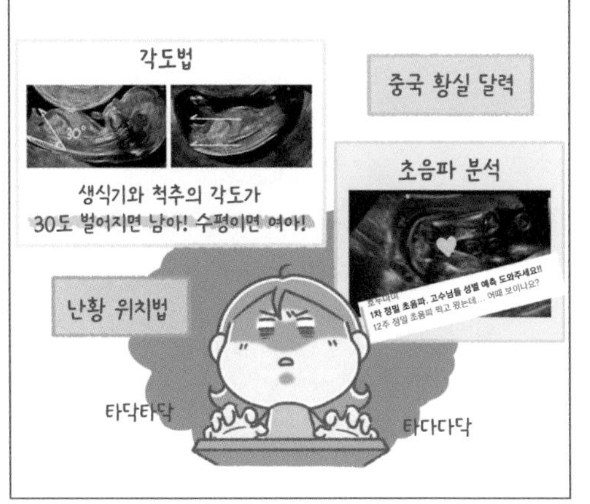

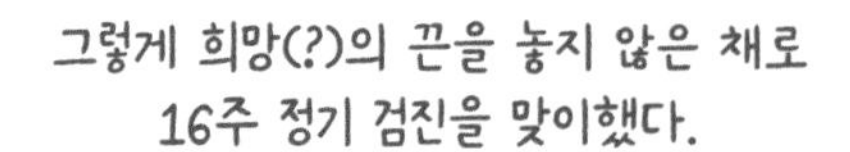

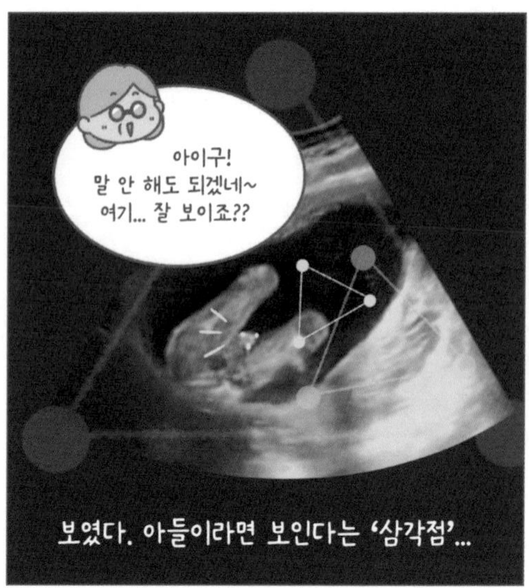

머릿속이 새하얘지면서 그 뒤에
무슨 말이 오갔는지 기억나지 않는다.

그렇게 나는 한참을 울고
도리는 그런 나를 달래다가...

처음으로 나에게... 화를 냈다.

16주차

아기는 지금...

처음으로 몸이 머리보다 길어졌어요.

꼬옥

자궁 내에서 점점 활발해져요. 한 번에 최대 5분 동안 움직일 수 있음.

초음파로 성별을 확인할 수 있어요.

아기의 이야기

입주 초반에는 자주 보던 닥터 조.
지난번 12주 검진 이후 한 달 만에 만났다.
이제 28주 정도까진
한 달에 한 번 볼 거예요~
저 이제
손도 빨아요~
쪽쪽
심장 소리
좋고~

오늘은 나의 성별을 아빠 엄마에게
알려 준다고 한다.
음... 이제는 확실히
구분이 되네요!
네!
이 정도면 밖에서도
잘 보일 것 같아요.
밖에서 엄청 기다리고
있을 거예요~ 후후

자~ 이렇게
사진을 찍고~~
조금 기다리면….
기쁨의 아이콘!
엔돌핀 등장!!!
...음...?
???

하지 않았다...
어.. 어 보통은 나타나는데..
아니.. 그럴 리가 없는데?
나 갈 시간 다 됐는데...
얘는 왜 안 와~~
안절
부절
조금 기다려 봐요~
알았죠?

대신... 코르티솔을 만났다.
그리고 창밖에는 거센 비가 내렸다.

도리는 그렇게 화를 내고 먼저 나가 버렸다.
혼자 남겨진 나는 이 상황에 대해
곰곰이 생각하다...
지금... 나만 두고 간 거야?!?!
뭐야... 내가 제일 속상한데 왜 화를 내!?!
근데... 도리 화내는 거 처음 봐....

아니... 딸이건 아들이건 나한테 찾아온 소중한 생명인데..!!
내가 지금 무슨 짓을 한 거지?!
아기가 내 감정 느낀다고 했는데... 호두가 들었을까...?

그리고... 미안함에 다시 오열했다.
아아!!! 호두야 미안해!!!!
으어어어엉
못 들은 걸로 해줘!!
어머.. 뭔 일 났나?

괜찮아요 엄마. 우리 건강하게 만나요♥

엄마의 다이어리

○ 우리 아기는 얼마나 자랐을까?

_____ 년 _____ 월 _____ 일 D- _______

엄마의 컨디션 :

아기의 컨디션 :

○ 아기의 성별을 확인하고 기분이 어땠나요?

○ 나중에 (딸/아들)과 함께 하고 싶은 일이 있다면?

17주차

엄마는 지금...

심박수가 늘어나
몸이 쉽게 피로해져요.

재채기를 했는데...
뭐가 나왔...

찔끔?

입덧이 끝나고
속이 편안해졌어요.

임신 호르몬으로 인해
코의 점막 분비물이 많아져
재채기가 많이 나와요.

엄마의 이야기

격동의 성별 확인을 마치고 17주를 맞이했다.
이제는 배가 좀 나온 것 같...
오.. 배가 좀 나왔는데?
도리야! 일로 와 봐~
응~~!!

이제 좀 임산부 같지?
음... 어디가..?
어디가 라니... 배 볼록 나왔잖아~!
원래도 그 정도 나왔던.. ㄱ..
흠흠..!!!
어... 나도 실은 잘 모르겠어...

그래도 진짜 행복한 일은
지옥 같은 입덧이 끝났다는 거!!!
도란씨 그러고 보니 요즘 점심 메뉴가 다양해졌네?
아~~ 지난주부터 속이 좀 편해진 것 같아요!
어머! 이제 입덧 끝났나 보다!!
우와! 그런가 봐요!

디스코 팡팡도... 입덧 약도 이제 안녕!!
하하하하
우리... 다신 만나지 말자….

그러나 생각지도 못한 복병이 있었으니
바로... '재채기'였다!!
도란아~
내가 귤 사 왔어!
같이 먹...
에... 에... 에...!

소리가 말도 안 되게 커진데다
푸엣취!!!!!!
털썩
자..
장인어른...?

가끔... 소변이 찔끔 새기도 한다.
에췌!!
응?
방금 밑에 뭐가.. 흐르..?

그중에 제일은 누워 있을 때인데
에에췌!!!

배 땅김이
어마어마하다는 거!!

재채기 하나 쉽지 않은
임신의 세계...

17주차

아기는 지금...

입을 벌리고 다물고
삼킬 수 있어요.

피하지방이
생기기 시작해요.
아직은 얇은 피부를
통해 혈관이 보임.

콩!

엄마가 나의 움직임을
느낄 수 있어요!
초산모 18-20주 / 경산모 15-17주

아기의 이야기

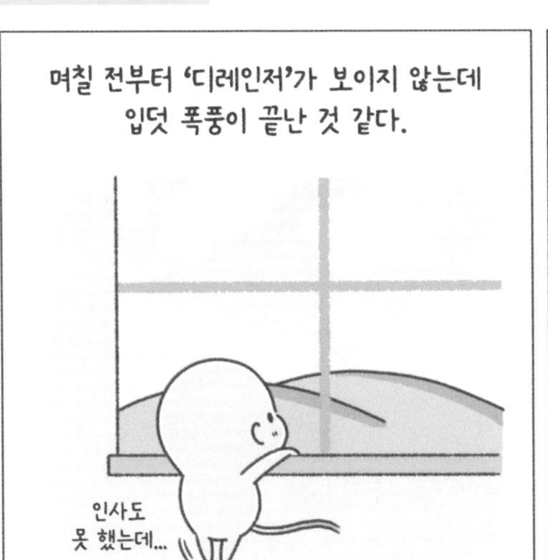
며칠 전부터 '디레인저'가 보이지 않는데
입덧 폭풍이 끝난 것 같다.
인사도
못 했는데...

날씨도 눈에 띄게 맑아지고
태반 나무에도 열매가 풍성해졌다.
먹을 게 많아
신난 1인

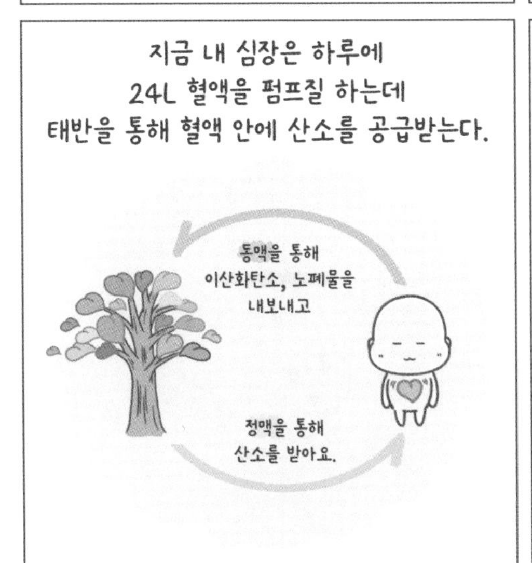
지금 내 심장은 하루에
24L 혈액을 펌프질 하는데
태반을 통해 혈액 안에 산소를 공급받는다.
동맥을 통해
이산화탄소, 노폐물을
내보내고
정맥을 통해
산소를 받아요.

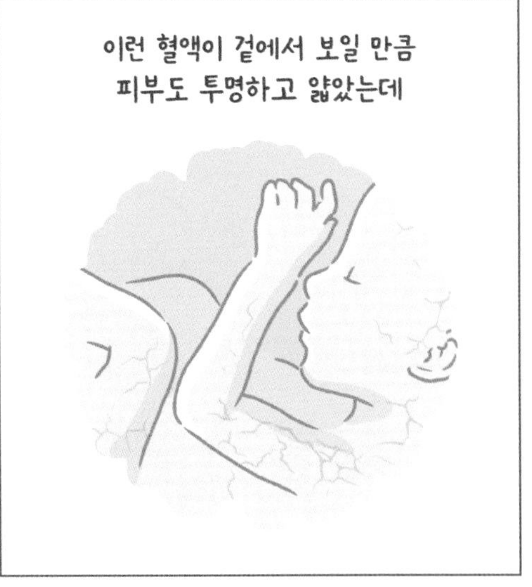
이런 혈액이 겉에서 보일 만큼
피부도 투명하고 얇았는데

피하지방이 조금씩 쌓이면서
피부도 함께 두꺼워지는 중이다.
표피
진피
피하지방
땀샘도 함께
발달 중이에요.
체중의 1/3이
될 때까지
축척돼요.

피하지방 중에도 '갈색 지방 세포'는
체온 조절 기능이 있다고 한다.
몸이 후끈~!
닥터 조 한마디
엄마의 체온이나 자궁 내 온도에 의존하던
체온을 이제 스스로 조절할 수 있게 된답니다.

그리고 나의 움직임이 활발해지다 보니
벽에 부딪히는 경우가 많아졌는데...
콩
콩
콩!

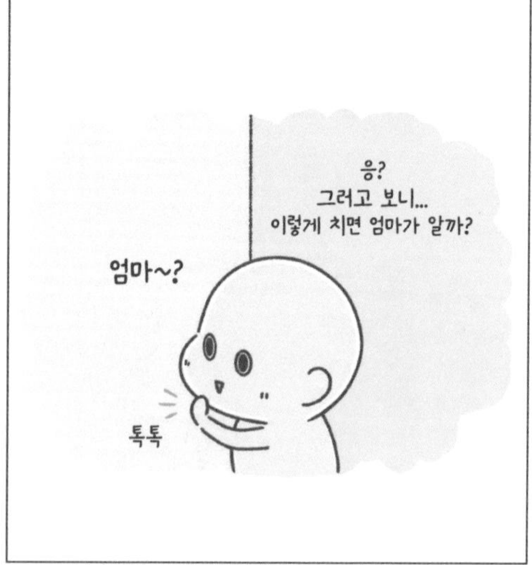
응?
그러고 보니...
이렇게 치면 엄마가 알까?
엄마~?
톡톡

톡톡...

응?! 뭐지?

뽀글뽀글...

설마... 기다리던..!

엄마의 다이어리

○ 우리 아기는 얼마나 자랐을까?

_____ 년 _____ 월 _____ 일 D- _______

엄마의 컨디션 : (표정 5개)

아기의 컨디션 : (표정 5개)

○ 볼록 튀어나온 배를 보면 무슨 생각이 드나요?

○ 입덧을 탈출한 소감이 어떤가요?

18주차

엄마는 지금...

신진대사가 증가하여
열이 더 많이 생성돼요.

배가 슬슬
나오네... 헤헤

자궁, 양수, 유방,
혈액량 및 지방
증가로 인해
체중이 늘어나기 시작해요.

배가 커지면서
피부가 늘어나
튼살이 생길 수 있어요.

아이가 태어날 조짐을 알려주는 꿈인
'태몽'

몇 가지 대표적인 태몽을 보자면,
동물이 나오는 경우가 있고
영리하고
똑똑한 아이
재주가 많고
부자가 될 아이
인기가 많고
리더십이 강한 아이

과일이나 꽃이 나오는 경우
건강하고
효도하는 아이
똑똑하고
아름다운 아이
예쁘고
사랑받는 아이

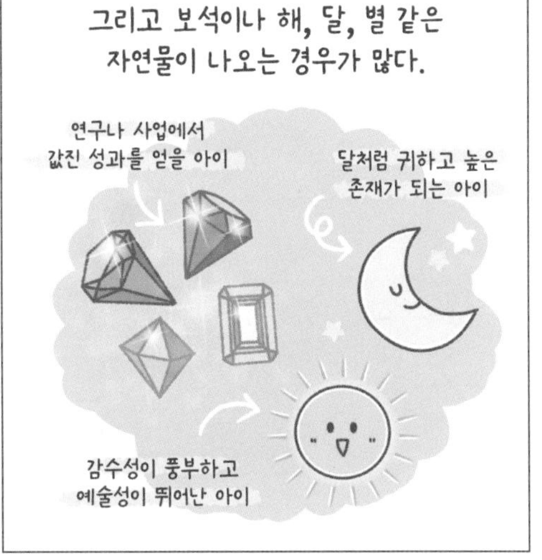
그리고 보석이나 해, 달, 별 같은
자연물이 나오는 경우가 많다.
연구나 사업에서
값진 성과를 얻을 아이
달처럼 귀하고 높은
존재가 되는 아이
감수성이 풍부하고
예술성이 뛰어난 아이

태몽은 본인이 꾸지 않아도
주변에서 꾸는 경우도 많은데...
도란 씨는 무슨 태몽 꿨어?
아 저는 안 꿨어요~ 남편도 안 꿨다고 하고...
어?? 그럼 내가 꾼 꿈이 도란 씨 태몽인가 보다!

나도 직장 상사가 태몽을 대신 꿔 주셨다.
꿈에 김연아 선수가 나왔는데 나한테로 오더니

엄청 큰 다이아 반지를 나한테 주더라고!!
우와!! 근데... 부장님 태몽일 수도 있지 않을까요? 헤헤
그런 소리 마~ 내 거면 나 성모마리아야ㅋㅋㅋ

또 하나는 시어머니가 꿔 주셨는데
도란아~~ 내가 어제 꿈을 꿨는데 태몽인 거 같아~!
와~ 어머니 어떤 꿈이었어요?

하얀 족제비 두 마리가
어머니가 누워 계신 방으로
들어왔다는 내용이었다.

태몽은...
재미로 보자구요ㅋㅋㅋ

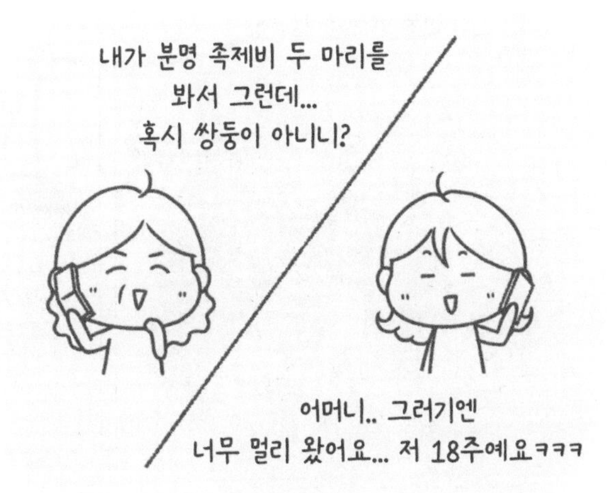

18주차

아기는 지금...

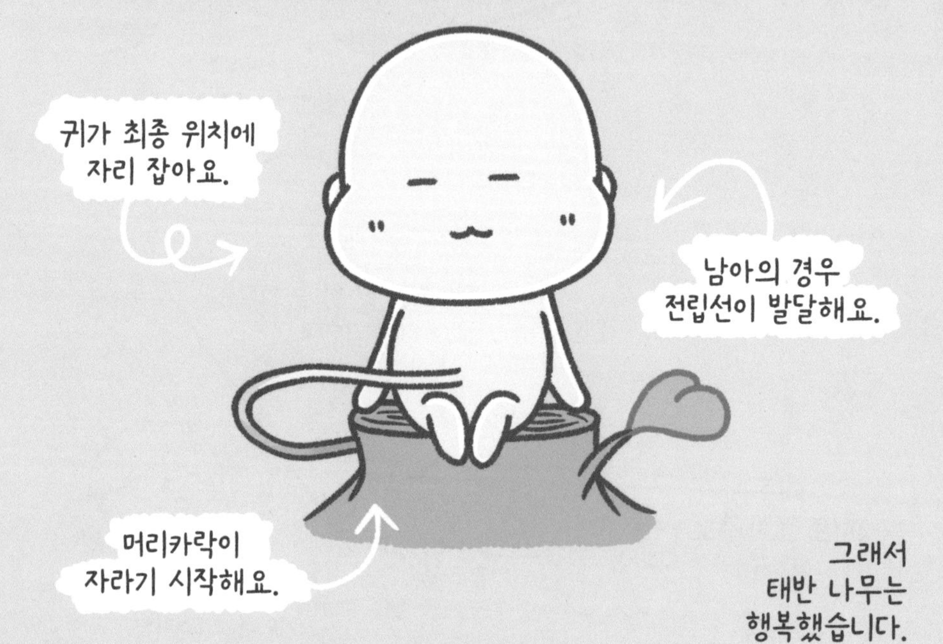

그래서
태반 나무는
행복했습니다.

아기의 이야기

아낌없이 주는
태반 나무

우리 집에는 나무 한 그루가 있다.
엄마의 땅에 뿌리내린 이 태반 나무는
나랑은 탯줄로 연결돼 있지요~
자궁벽

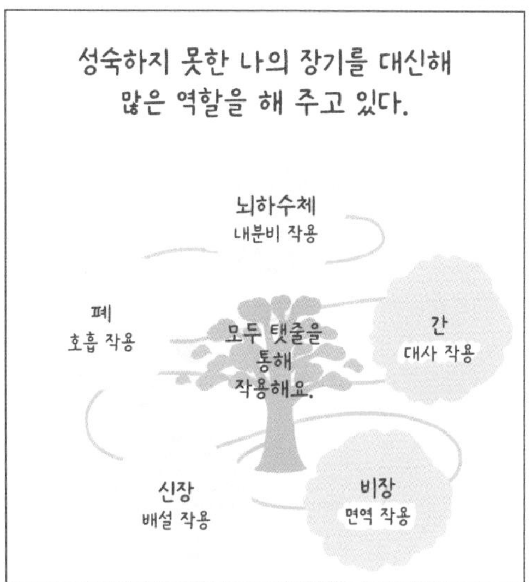
성숙하지 못한 나의 장기를 대신해
많은 역할을 해 주고 있다.
뇌하수체
내분비 작용
폐
호흡 작용
모두 탯줄을 통해 작용해요.
간
대사 작용
신장
배설 작용
비장
면역 작용

폐를 대신해 엄마에게서 산소를 받아 오고,
신장을 대신해 이산화탄소와 배설물을 배출한다.
끙~

간을 대신해 엄마의 영양 상태가 불규칙할 때도 안정적으로 영양분을 공급해 준다.

비장을 대신해 엄마의 면역체를 받는 데다

뇌하수체를 대신해 나의 뇌 발달을 도와준다.

그리고 호르몬을 직접 만들어 내기도 하는데 내가 이 집에서 건강하게 자라는 걸 도와준다.

HCG
임신 핵심 호르몬.
임신 초기 황체의 퇴화를 막음.

집에 별일 없지?

응~ 다 좋아!

프로게스테론
자궁의 휴지 상태 유지.
조기 진통 예방, 유선 발달.

에스트로겐
진통기 자궁 수축과 태아의 분만 준비.

하지만 이렇게 든든한
태반 나무도
막지 못 하는 것이 있는데...

그건 바로... 술과 담배!!!

그러니 태아의 건강을 위해
임신 중 술, 담배...
멈춰 주세요!!

엄마의 다이어리

○ 우리 아기는 얼마나 자랐을까?

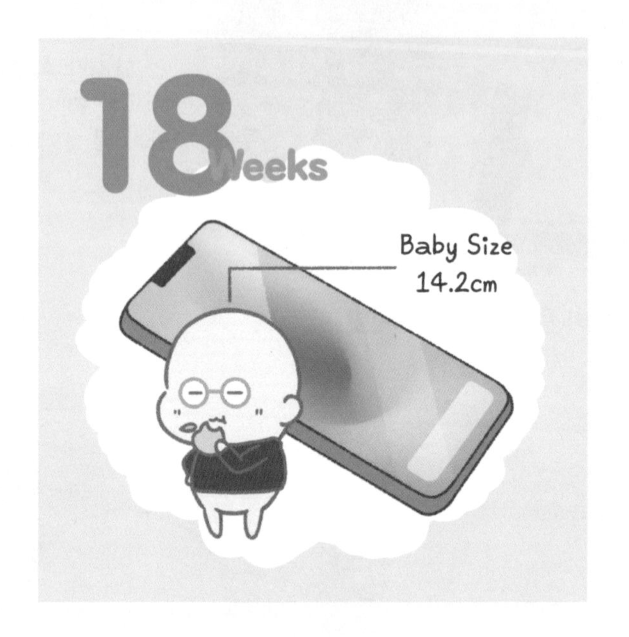

_____ 년 _____ 월 _____ 일 D- _______

엄마의 컨디션 : 😆 🙂 😐 ☹️ 😖

아기의 컨디션 : 😆 🙂 😐 ☹️ 😖

○ 우리 아기 태몽을 알려 주세요

○ 우리 아기 태몽처럼 (   ) 자라면 좋겠다!?

19주차

엄마는 지금...

퇴근 때만 되면
배가 뭉치네...

피로가 쌓이면
배가 뭉칠 수 있어요.

적당한 운동으로
체중 조절과
출산을 위한
체력을 만들어요.

철결핍성 빈혈이
생기기 쉬워요.
16주 이후부터
철분제 복용.

엄마의 이야기

취침이라 쓰고
'기절'이라 읽는다.
저녁
퇴근
기상
근무
출근
근무
점심
직장인 임산부의
하루!
웃샤웃샤

7:30 am 기상
왜... 벌써
7시 30분인 건데..
5분만 더...
엄마!
지금 안 일어나면
지각이에요!
띠리리리!!!
흔들흔들

8:00 - 9:00 am 출근
엄마!
사람들이
엄청 많아요!
입덧이 끝나도
냄새는 여전히 힘드네….

9:00 - 12:30 am 오전 근무
그나마 팔팔할 때
열심히 쳐내자!! 칼퇴를 위해!
와다다다다다
와- 엄마
엄청 빨라요!
1차
커피 수혈

12:30 - 1:30 pm 점심시간
충전 중...
도란 씨~
차 마시러 갈..!
어머...
좀 재워야겠다.
ZZZZZ
엄청 피곤해 보여요.

1:30 - 6:00 pm 오후 근무
도란 씨
이거 차트
잘못됐는데?
네.....
고치겠습니다.
아.. 아니
혼내는 거
아니야~~
아 신경쓰지 마세요..
제가 눈물 버튼이 고장나서..
아시죠? 이 몹쓸 호르몬.... 하하하하하하

1:30 - 6:00 pm 오후 근무
오늘 두 잔째 아니야?
맞아~~
일은 해야 되고..
힘내 임산부!
네... 너무 졸려서요.
오전, 오후 한 잔씩
필수네요....
엄마 졸다가
모니터 부술 뻔
했어요.
이렇게요.

6:00 - 7:00 pm 퇴근
진짜 하얗게
불태웠다....
배도 딱딱해졌네...
우리 호두도
힘들었나 보구나.
저는 괜찮아요.
엄마

8:00 pm 의도치 않은 취침

호두야...
아빠는 언제 올까...
얼굴 보고 자야 되는..ㄷ..........
쿠------와-------악

힘든 하루. 모두 수고했어요♥

19주차

아기는 지금...

아기의 이야기

머리카락이 자라나기 시작했다.
뿅!
머리에
털이 났어~!

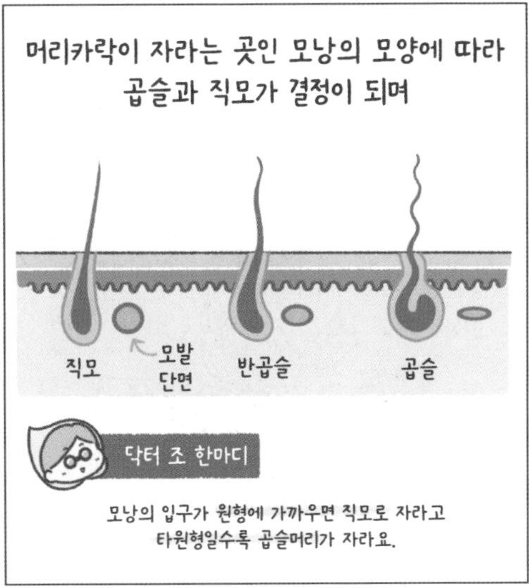
머리카락이 자라는 곳인 모낭의 모양에 따라
곱슬과 직모가 결정이 되며
직모
모발
단면
반곱슬
곱슬
닥터 조 한마디
모낭의 입구가 원형에 가까우면 직모로 자라고
타원형일수록 곱슬머리가 자라요.

모낭과 머리카락의 개수도 지금 정해진다.
태어나서는
더 늘지 않는다구요..
머리숱...
지금뿐이에요!!!!
자라나라 머리 머리!!!!

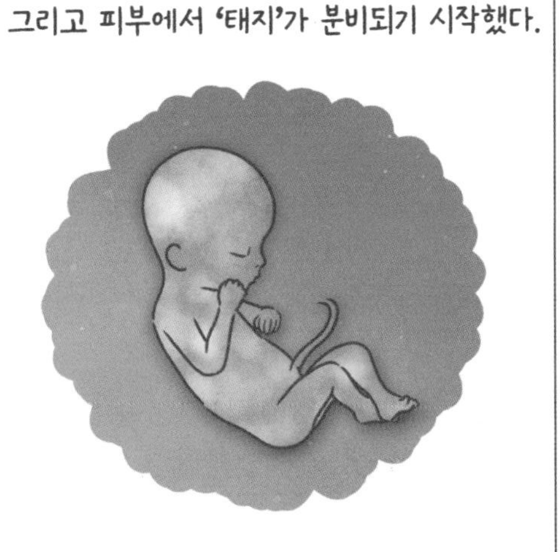
그리고 피부에서 '태지'가 분비되기 시작했다.

태지는 하얀 크림 상태의 얇은 기름막인데
양수로부터 피부를 보호해 준다.

그리고 눈과 귀가 드디어
최종적으로 자리를 잡았다.

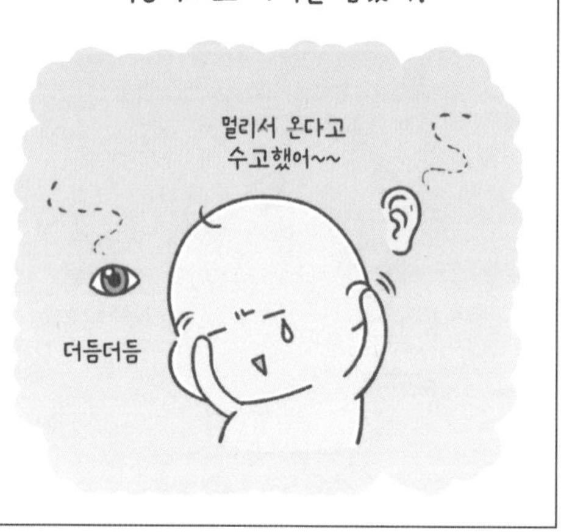

귀의 외이는 완성되었지만
내이는 5주 정도 더 발달해야 한다.

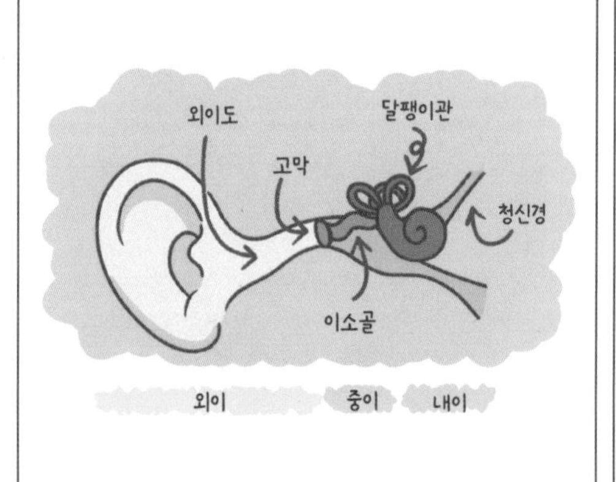

그래서 귀로 듣는 소리는 아직 들리지 않지만
진동으로 소리를 느낄 수 있다.

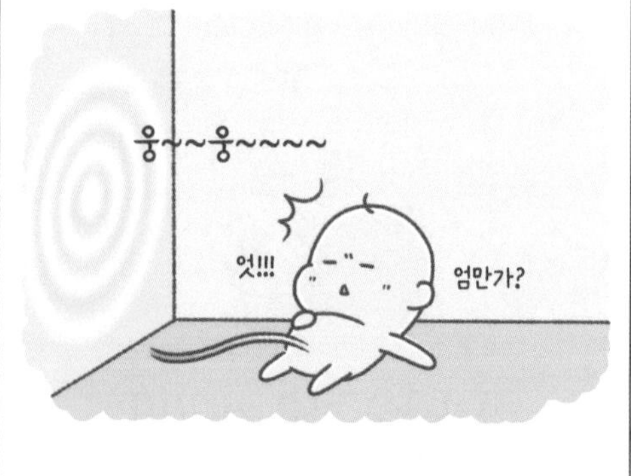

문득 궁금해지는 엄마 아빠 목소리...
나중에 많이 들려 주세요~!

엄마의 다이어리

○ 우리 아기는 얼마나 자랐을까?

______ 년 _____ 월 ____ 일 D- ________

엄마의 컨디션 :

아기의 컨디션 :

○ 아기와 함께하는 나의 출근길은 어떤가요?

○ 직장인 임산부로서 가장 힘든 순간은 언제인가요?

20주차

엄마는 지금...

호두야~
초코 우유 내려간다~!

임신 중기
정밀 초음파를 받아요.

자궁 경부 길이를 확인해요.
16~20주: 4.0~4.5cm
24~28주: 3.5~4.0cm
32~36주: 3.0~3.5cm

자궁 꼭대기가
배꼽과 거의 같은
높이예요.

엄마의 이야기

한 달 만에 찾은 산부인과.
오늘은 정밀 초음파가 있는 날이다.

오늘은 미리 초코 우유 마시고 왔지롱!

오~ 잘했어!!

도란님~ 들어오세요~~

이번 주 정밀 초음파는 태아의 외적 결손에 대해 정밀하게 검사하는 것이라고 한다.

Check List

- ☑ 무뇌아 → 뇌
- ☑ 수두증(뇌수종)
- ☑ 신경관 결손 → 척추
- ☑ 쇄항(항문 직장 기형) → 항문
- ☑ 횡경막 탈장 → 신장
- ☑ 선천성 심장병 → 심장
- ☑ 구순구개열 → 입술
- ☑ 내반증, 다지증 → 손가락, 발가락

이 시기가 양수 양도 가장 풍부하고 태아의 장기도 모두 형성되어 검사하기 제일 좋다고 한다.

처음으로 태아의 머리 둘레와 소뇌 그리고 뇌 모양을 확인한다.

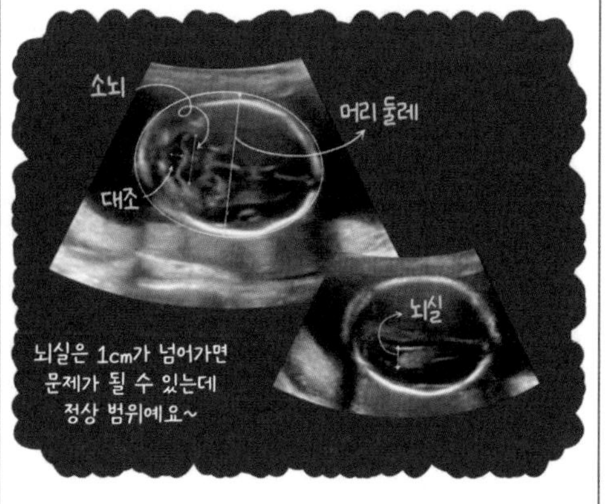

다음은 배 둘레와 배 단면
장기와 심장 모양, 움직임 등을 확인하고

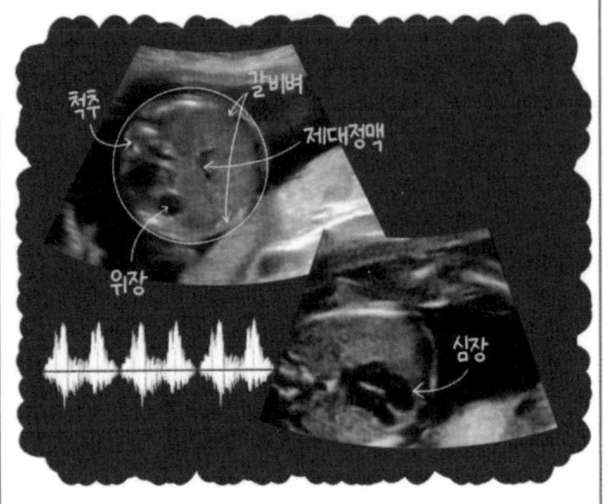

허벅지 길이와 손가락, 발가락을 확인한 뒤

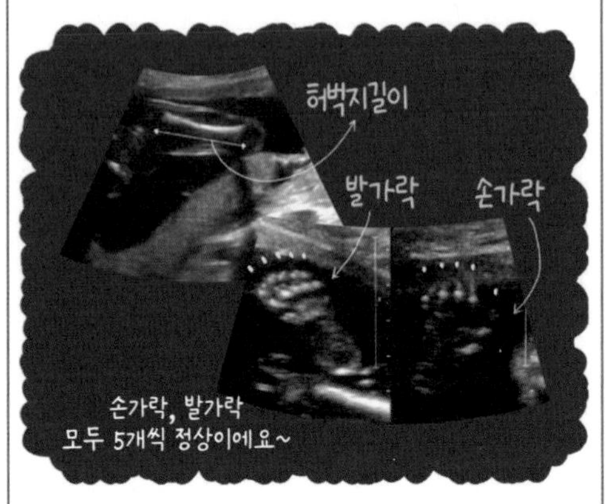

호두 얼굴에 귀와 코, 입을 확인했다.

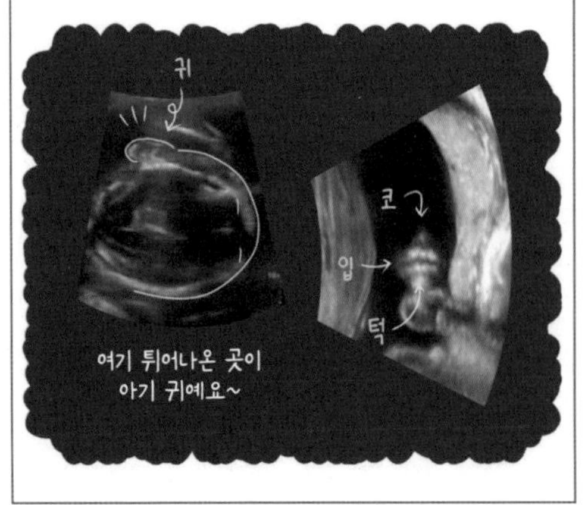

마지막으로 자궁 경부 길이를 확인해 주셨는데

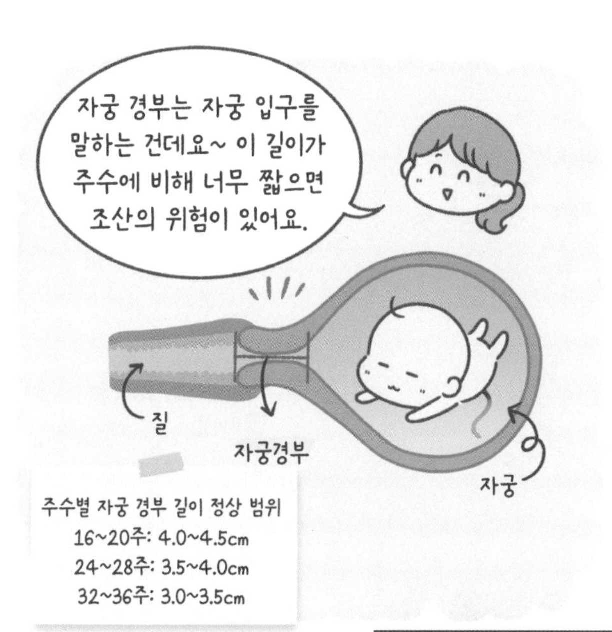
자궁 경부는 자궁 입구를 말하는 건데요~ 이 길이가 주수에 비해 너무 짧으면 조산의 위험이 있어요.
질
자궁경부
자궁
주수별 자궁 경부 길이 정상 범위
16~20주: 4.0~4.5cm
24~28주: 3.5~4.0cm
32~36주: 3.0~3.5cm

음.... 근데 산모님은 2.9cm네요..? 좀 짧은 편인 것 같아요.
네?! 그.. 그럼 어떻게 해요?
To be continued...

20주차

아기는 지금...

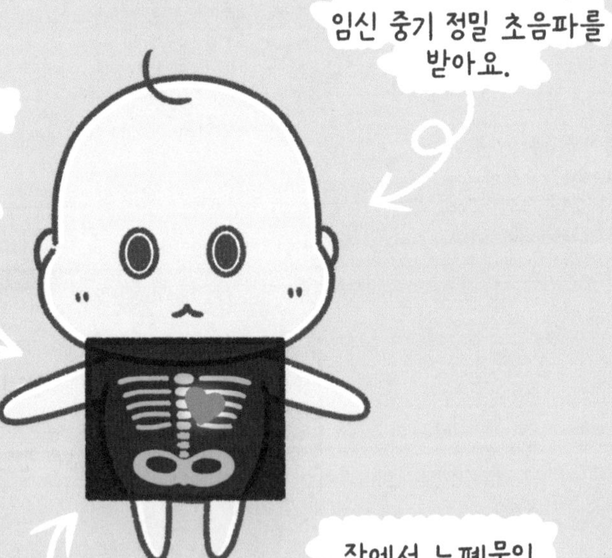
임신 중기 정밀 초음파를 받아요.
청진기로도 태아의 심박동 소리를 들을 수 있어요.
장에서 노폐물인 태변이 형성되고 있어요.

아기의 이야기

성별 공개 후 한 달 만에 만나는 닥터 조.
오늘은 긴 검사가 있을 예정이다.

초코 우유가 열렸길래
오늘은 검사가 길겠구나...
싶었어요~

둥실 둥실

호호호~
눈치도 빠르네!

응?? 코르티솔 네가
무슨 일이야~?
경부 길이...
경부 길이가 짧다며...
아니 아니
내 얘기 좀 끝까지 들..!!

생각해 보니까
재작년에 아는 언니가 한
수술이 '맥도날드' 수술인가
그랬는데...
매.. 맥도날드?
내가 아는 그.. 맥도날드?

그... 맥이 아니야...
분명 자궁 경부 길이가 짧아서
한 수술이랬어...
그.. 그럼 나도
수술해야 하는 거야?!?
올라가서 다시
확인해 보라고 하셨잖아.
너무 걱정하지 마~
으아아아아아

산모님 경부 길이 3.8cm고요.
이 정도면 양호한 편이에요~
네? 그럼 2.9cm는....
오차가 있었나 봐요~
배 초음파보다는
질 초음파가 더 정확해요.
아.. 다행이네요!

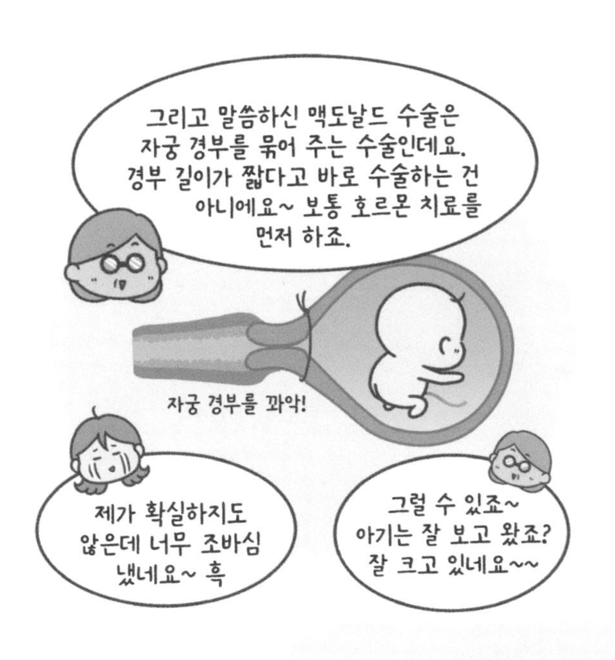
그리고 말씀하신 맥도날드 수술은
자궁 경부를 묶어 주는 수술인데요.
경부 길이가 짧다고 바로 수술하는 건
아니에요~ 보통 호르몬 치료를
먼저 하죠.
자궁 경부를 꽈악!
제가 확실하지도
않은데 너무 조바심
냈네요~ 흑
그럴 수 있죠~
아기는 잘 보고 왔죠?
잘 크고 있네요~~

오늘 검진도... 해피(?)엔딩❤

그니까... 말을 좀
끝까지 듣지~~
아휴 다행이다!!!
ㅎㅎㅎ
놀랬잖아...
놀랬단 말이야...

엄마의 다이어리

○ 우리 아기는 얼마나 자랐을까?

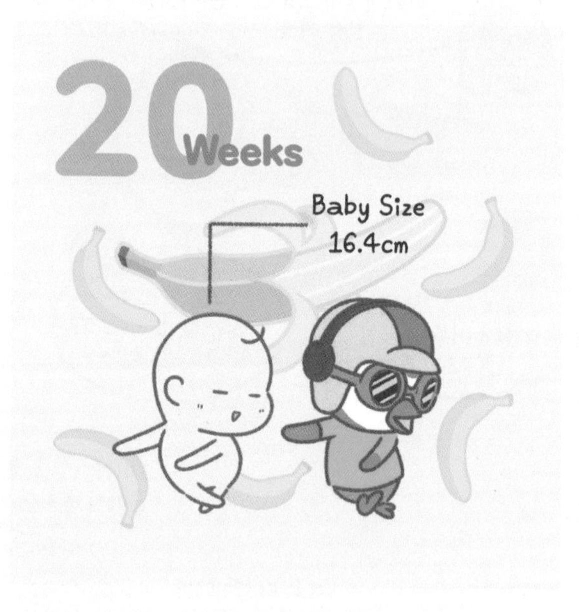

______ 년 _____ 월 _____ 일 D- ________

엄마의 컨디션 :

아기의 컨디션 :

○ 정밀 초음파로 우리 아기를 꼼꼼히 본 소감은?

○ 체력 관리를 위해 요즘 하고 있는 운동이 있나요?

21주차

엄마는 지금...

엄마의 이야기

지금 나의 자궁 꼭대기는 배꼽 근처까지
올 정도로 커졌는데
배꼽
배도 제법 나왔네?

커진 자궁이 폐를 누르면서
숨이 차는 날이 많아졌다.
아이고 숨 차!!
아니 이 정도로
저질 체력은
아니었는데... 헉헉

그러고 보니 슬슬 태동을 느낄 때라고
했는데...
자기야
느껴져??
우와~ 우리 아기
축구 선수 되겠는걸?
핫핫핫핫핫

초산이어도 지금 쯤이면
태동을 느낀다는데...
나는 아직 잘 모르겠어.
호두가 얌전해서
그런 거 아닐까?
나 닮았나..?ㅋㅋ
무슨 소리야...
지난주 기억 안 나?

아기가 엄청 활발하네요!
손이랑 발을 봐야 하는데...
아가.. 자.. 잠깐만 멈춰 줘!
아... 그랬네..?

나는 원체 둔한 편이라 아직까지도
태동을 느끼지 못 하고 있었다.
처음 태동은
어떤 느낌이에요?
음... 뽀글뽀글
물방울 터지는 느낌?
흠... 배고픈 느낌이랑
구별을 못 하겠어요...
ㅎㅎ맞아~ 초반엔
그럴 수 있어!

그러던 어느 날 저녁...
아휴 힘들어.
지친다 지쳐...
호두야 오늘도
고생했어~ 힘들었지?

꿀렁~

배안에서 물고기 한 마리가 지나갔다.

21주차

아기는 지금...

아기의 이야기

이제 골격이 완전히 자리 잡아
엑스레이를 찍어도 확인될 정도가 되었다.

내부 생식기는 성별에 따라
7주부터 만들어지는데

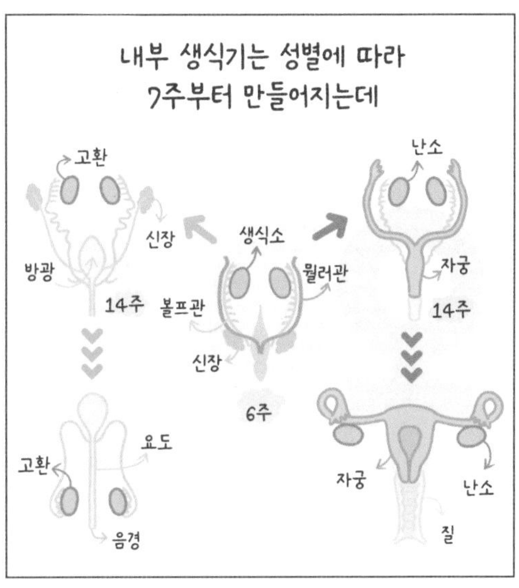

여자 아기의 경우, 평생 분량의 난자가
만들어지고 있는 중이다.

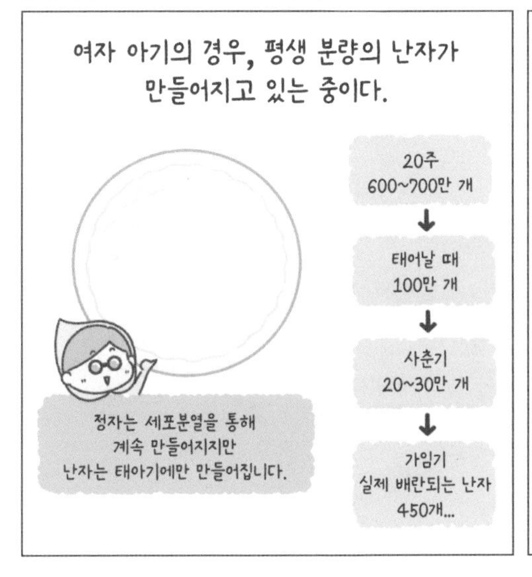

그리고 이번 주부터는 양수량이 급격히 늘어
움직이기가 좀 더 수월해졌다.

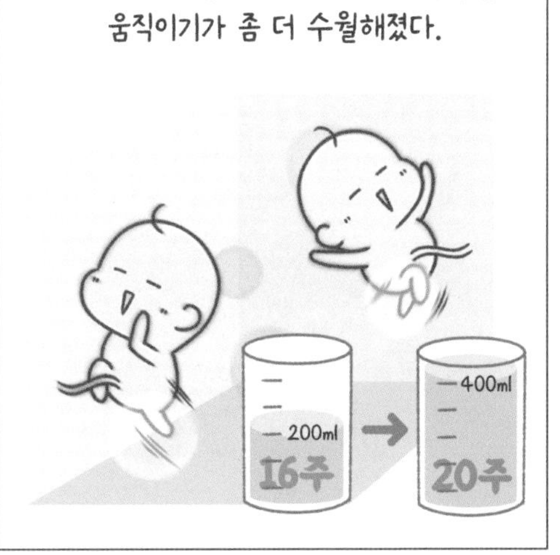

그렇다면 이제는... 엄마가 내 신호를
알아차릴 수 있을까?
간드앗!!!

도리야!!! 태동!!!!!
방금 물고기가
지나가듯 꿀~렁했어!!!!!
뭐? 정말?!?
드디어 느껴지는 거?!

여.. 여기 이쯤인데....
호두야~ 여기 있어??
우와~~ 나도!
나도 느껴 보고 싶어.
똑똑

와앙!!!!
이제 엄마가
알아주는구나!

그럼 다시..!!

우리 이제 자주 교감해요.

엄마의 다이어리

○ 우리 아기는 얼마나 자랐을까?

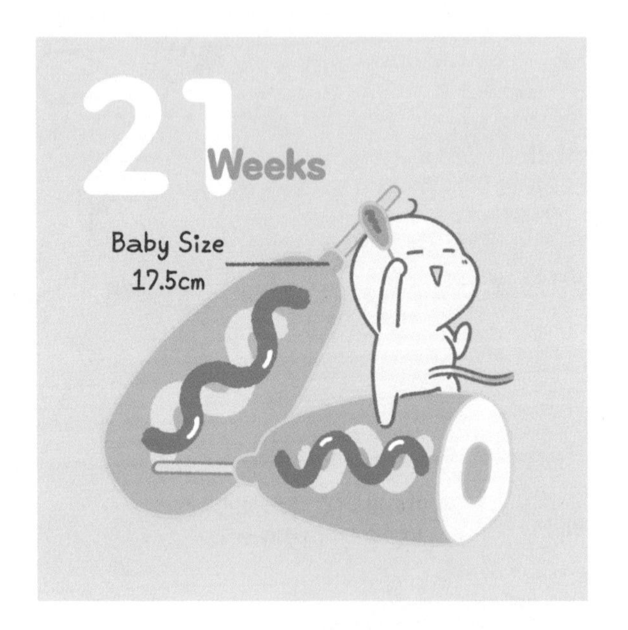

_____년 _____월 _____일 D- _______

엄마의 컨디션 : 😆 🙂 😐 ☹️ 😖

아기의 컨디션 : 😆 🙂 😐 ☹️ 😖

○ 언제 아기의 첫 태동을 느꼈나요?

○ 태동을 느낀 소감이 어떤가요?

22주차

엄마는 지금...

식욕이 계속 증가해요.

와앙

배 속 여러 기관이
눌리면서 계속 속이
쓰리고 더부룩해요.

살이 많이 찌지 않아도
피부가 건조하고 탄력이 떨어지면
튼살이 생길 수 있어요.

엄마의 이야기

안 해 본 다이어트가 없을 정도로
평생 통통하게 살아온 도란.

숱한 다이어트에도 꿈쩍 않던 몸무게가
'이것'으로 인해 급격하게 빠지게 되는데..

그건 바로... '입덧'이었다!!!

다시는 겪고 싶지 않은 힘든 시간이었지만
내 인생 최저 몸무게를 선물 받았다.

그러나... 그 행복은 그리 길지 않았다.
도란아~
아까 먹고 싶다던 치킨!
내가 좀 늦었지?
배고팠겠다~~

여태껏 먹지 못한 음식에 대한 갈망이
입덧이 끝남과 동시에...
치킨 왔다!!
뭐.... 먹방 찍어?
단 거 다음엔
짠 거지~!!

폭발해 버린 것이다.
핸들이 고장난 8톤 트럭
부와아아앙

그리하여 빠졌던 살이 원상 복구되는 데는
오랜 시간이 걸리지 않았다.
아...
오히려 넘어섰네...?
하하하하...

에휴... 살 빠져서 좋아했는데 다시 쪄 버렸네?
아마... 호두도 좀 크고 양수 양도 많아지고.. 그래서 그런 것도 있겠지?
와그작
와그작
......
누가 내 식욕 좀 말려줘요.

22주 태아 몸무게 430g... 양수 양 500ml...
합쳐서 1kg도 안... 돼....

22주차

아기는 지금...

태아는 수분이 90%로
이루어져 있어요.
태어날 때는 70%로 줄어듦.
췌장도 급격하게
발달하고 있어요.
황문괄약근이 발달해
태변이 새는 걸
막을 수 있어요.

아기의 이야기

성인의 경우 인체의 60~70%가
수분으로 채워져 있다.

엄마 배 속에 있는 나는,
무려 90%의 수분으로 이루어져 있는데

이 정도면 내가 물이고
물이 내가 아닌가... 싶다.

이것이 진정한 '물'아일체

피부가 단단해지기 전에는 피부를 통해
수분이 몸 안팎으로 드나들 수도 있었다.

그리고 장에는 노폐물인 '태변'이
쌓이고 있는데
닥터 조
한마디
태변은 양수와 함께 입으로 들어간
세포, 태지, 솜털 등이 대장에 쌓였다가
출생 후 나오는 첫 변을 말해요.

대개 출생 후 배출하게 되지만
끈적거리며
녹색을 띠고
냄새가 나지
않아요.

간혹 출생 전에 감염이나 스트레스로 인해
양수 내로 태변을 배출하는 경우도 있는데
으으...
힘들어...

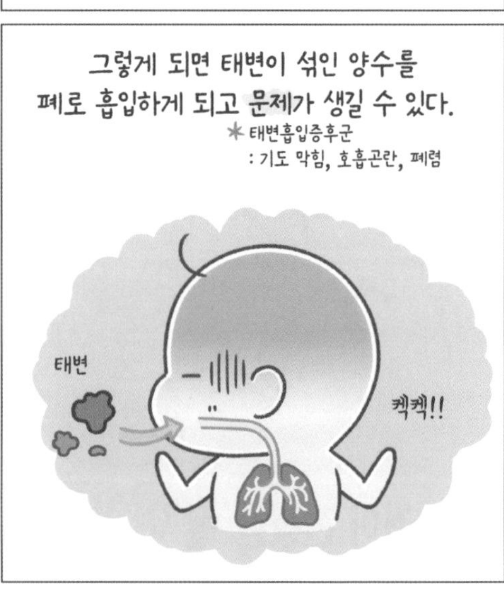
그렇게 되면 태변이 섞인 양수를
폐로 흡입하게 되고 문제가 생길 수 있다.
* 태변흡입증후군
: 기도 막힘, 호흡곤란, 폐렴
태변
켁켁!!

그렇다 보니 지금 태변이
내 몸 밖으로 나오면
어떡하나 걱정되기도 하지만

내 괄약근도 완전 튼튼히 발달 중이니
걱정 말아요!

엄마의 다이어리

○ 우리 아기는 얼마나 자랐을까?

______년 ____월 ____일 D-________

엄마의 컨디션 : 😆 🙂 😐 ☹️ 😖

아기의 컨디션 : 😆 🙂 😐 ☹️ 😖

○ 임신 후 나의 몸무게는 얼마나 변했나요?

○ 요즘 내가 가장 즐겨 먹는 음식은 무엇인가요?

23주차

엄마는 지금...

임신 호르몬의 영향으로
피부 트러블이 생겨요.

없어지겠지...?

잇몸에서 피가 나기도
하고 잘 부어요.

자궁은 배꼽 위로
손가락 두 마디 만큼
올라와 있어요.

엄마의 이야기

임신 중에는 체온 상승과 호르몬 불균형으로
인해 피부 트러블이 많이 생기게 된다.

그중 많은 임산부가 겪는 색소 침착으로 인해
얼굴에는 기미가 생길 수 있으며

※에스트로겐의 과도한 상승으로 멜라닌 색소가 증가해 생김.

임신 초기에 겨드랑이만 까매지는 줄
알았는데...

목주름 따라!!!

배꼽 주위도
거뭇거뭇!!!

하.....

살이 겹치는 부위가
주로 검게 된다니.

여드름으로
얼굴이 다 뒤집어져서
난리도 아니었어!!!
이게 뭐야!!!!
어흐으윽
얼마나 우울했는지... 흑

저는 여드름은 안 나는데
요즘 목 주위에 오돌토돌...
이건 뭘까요?
아~~ 쥐젖이야!
임신하면 많이들 생기더라.
갑자기
생겼어요...
아악!! 이것도
임신 때문에!

나는 말이야...
임신하고
털이 그렇게 많이 나더라고.
배고.. 다리고..
엇 부장님!
스윽
어 맞아요! 저희 언니도
털 많이 났었어요.

출산 후에도
계속 자랄까봐
얼마나 마음 졸였다고...
바야바도 아니고
말이야...!!!
아... 상상만
해도 끔찍.
어흐흐흑...
자네들 바야바 아나?

임신 중에는 자궁벽을
두껍게 하기 위해
남성 호르몬이 분비되는데
이 때문에 털이 많이
날 수 있다고 한다.

하지만 반대로
털이 안 나는 경우도..
있다는 거!

23주차

아기는 지금...

멜라닌이 생생되어
머리카락이 진해져요.

갈비뼈가 몰라보게
정교해지고 있어요.

아기의 이야기

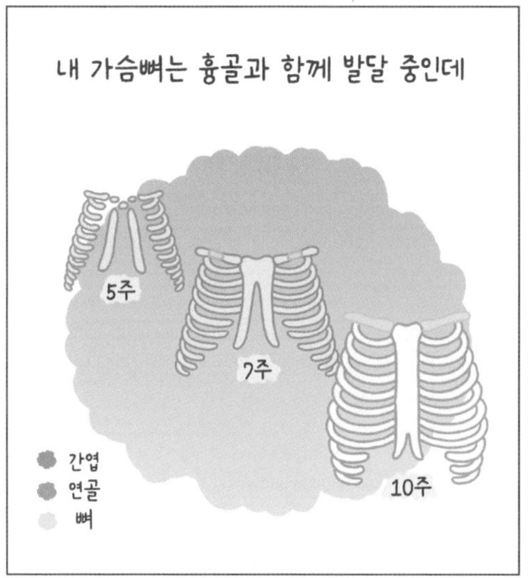
내 가슴뼈는 흉골과 함께 발달 중인데
5주
7주
10주
간엽
연골
뼈

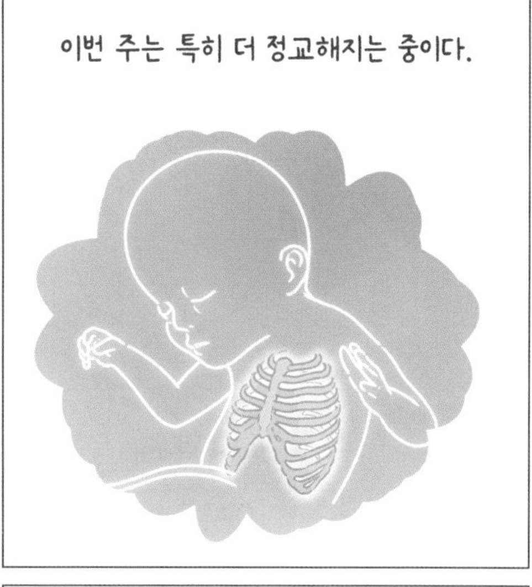
이번 주는 특히 더 정교해지는 중이다.

그리고 인슐린을 분비하는
췌장이 급격히 발달하고 있다.
담낭(쓸개)
위
인슐린
췌장

머리카락과 눈썹도 계속 자라고 있는데

원래 흰색이었던 머리카락은 멜라닌이
생성됨에 따라 색을 띠게 된다.

콧대는 많이 오똑해졌지만 완전히 서지 않아
코 모양은 납작하게 퍼진 편이다.

양수 안에 있어 대체로 얼굴이 부어 있어
그런 것도 있을 거다.

그리고 잇몸 속에는 계속해서 치아가
만들어지는 중인데

지금은 유치 뒤에
영구치 싹이
올라오고 있다.

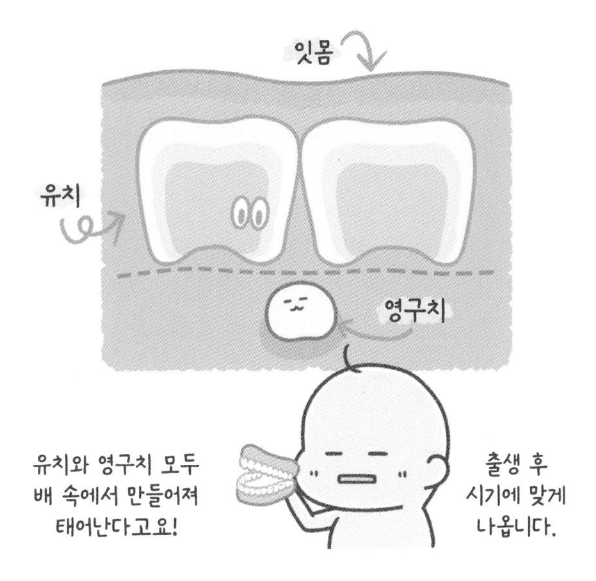

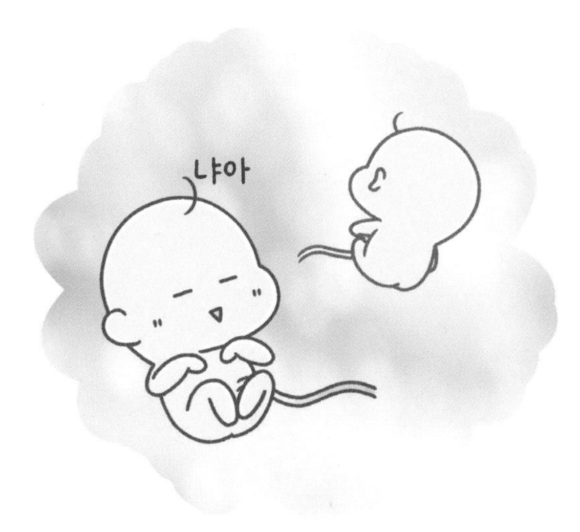

그렇게 나는 이번 주도
열심히 성장 중!

엄마의 다이어리

○ 우리 아기는 얼마나 자랐을까?

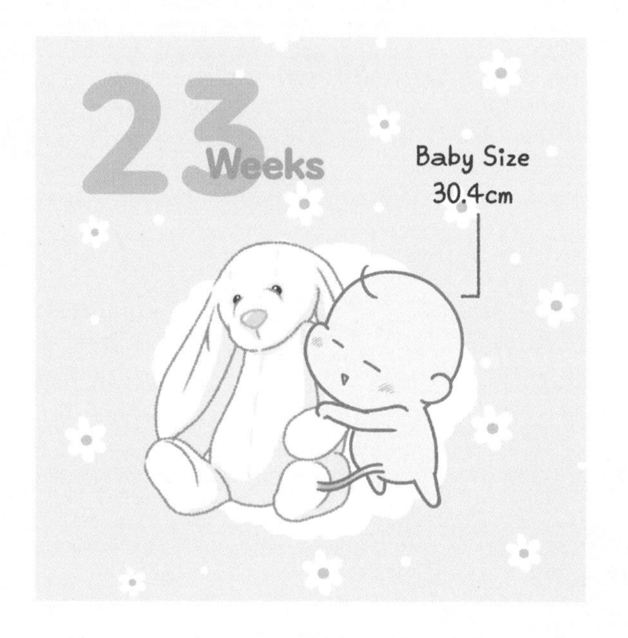

_____ 년 _____ 월 _____ 일 D- ________

엄마의 컨디션 :

아기의 컨디션 :

○ 임신 후 생긴 피부 트러블이 있나요?

○ 임신을 해서 좋아진 나의 모습이 있다면?

24주차

엄마는 지금...

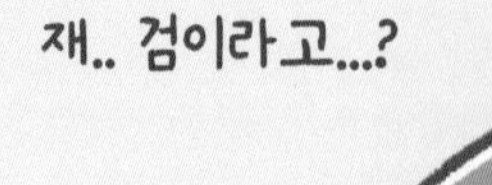

하.. 하하

출산을 위해 관절을
느슨하게 하는
릴렉신 호르몬이 분비돼요.
허리나 골반 통증의 원인이 됨.

임당 검사를 받아요.
(임신성 당뇨 검사)

한 달 전 산부인과 정기 검진.
다음 달 검진 때는 '임당 검사'할 거라 약 미리 드시고 오시면 돼요~
아... 임당 검사

드디어... 나에게도 왔다!
공포의 임당 검사!!!
(임신성 당뇨 검사)
임당검사
임신 중기의 또 하나의 큰 산을 넘는다!

그냥 당뇨도 아니고 '임신성' 당뇨는 무엇이냐 하면
임신을 하게 되면 호르몬의 변화가 생겨 인슐린 기능이 떨어져 평소에 당뇨가 없었어도 당뇨에 걸리기 쉬워진다...
호르몬
인슐린
당
또 호르몬 때문이야?

우리나라의 경우 임산부의 5~9% 정도가 임신성 당뇨에 걸리는데
으아~ 당뇨라니!
30~40%
출산 후 대부분 없어지지만 30~40%는 5~10년 뒤 당뇨가 생길 위험이 높아진다.

무엇보다도 태아 손상을 유발할 수
있기 때문에 각별한 주의가 필요하다.

저혈당
황달
호흡곤란
거대아

아!! 문자 왔다~!
당연히 통과겠지? 나도, 우리 가족도 당뇨 없는 걸~ 흐흐
타이밍 굿~ 통과야??
띠링!
어....? 통과 아니고
[Web발신]
도란님. 모모산부인과 입니다.
임신성당뇨 검사결과 재검 필요하니
병원으로 상담 전화 해주세요.
'재검사' 받아야 한다는데?
공포의 임당 검사는...
이제 시작이었다.

24주차

아기는 지금...

아기의 이야기

드라마나 영화를 보다 보면
이런 대사를 들어본 적이 있다.
산모님... 그래도 최소 24주는 넘겨야 합니다.

바로 이번 주부터 폐호흡을 위한
폐계면활성제가 분비되기 때문이다.
흐응
폐포
집 밖으로 나가도 호흡할 수 있다는 얘기죠.
폐계면활성제란?
납작하던 폐포를 호흡으로 열게 하는 물질이랍니다.

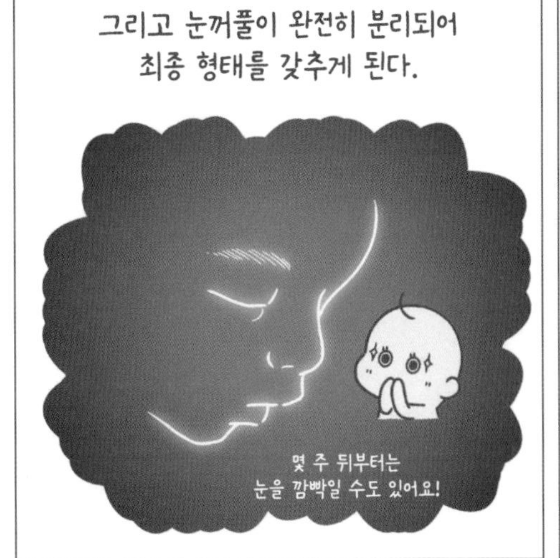
그리고 눈꺼풀이 완전히 분리되어
최종 형태를 갖추게 된다.
몇 주 뒤부터는 눈을 깜빡일 수도 있어요!

그나저나 며칠 전에도 비슷한 열매가
열렸던 것 같은데... 또 열렸다.
오렌지 주스 같았는데
뭐지?
...더 커졌네?

'공포의' 임당 검사는 바로
재검을 말하는 거였나 보다.

임신성 당뇨 재검사 순서

흣
느끼느끼
지친다..
집에...
가즈아...

1st 채혈 ▸▸▸ 2nd 채혈 ▸▸▸ 3rd 채혈 ▸▸▸ 4th 채혈
한 시간 뒤 한 시간 뒤 한 시간 뒤

시약은 커지고 (2배) 총 4번의 채혈에
3시간의 기다림....

검사를 마치고 기다리는 (지옥 같은) 시간...

다행히도 결과는...

검사받느라
고생 많았어요. 엄마♥

엄마의 다이어리

○ 우리 아기는 얼마나 자랐을까?

_____ 년 _____ 월 _____ 일 D- _____

엄마의 컨디션 :

아기의 컨디션 :

○ 나의 임당 검사 결과는 어땠나요?

○ 체중 관리를 위한 나만의 방법은?

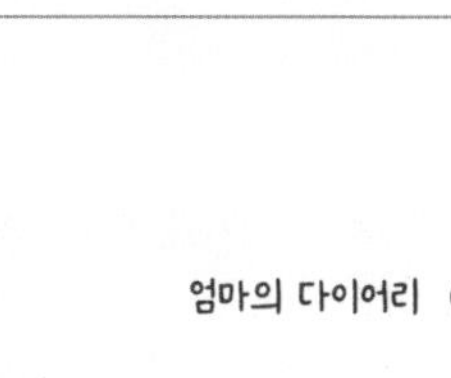

25주차

엄마는 지금...

태교해 줘야
하는데에에~~

자궁은 매주
1cm씩 커져요.

체중이 늘어나면서
다리에 쥐가
날 수 있어요.

양수는 매주
50ml씩 늘어나요.

엄마의 이야기

임신 중 태아에게 좋은 영향을 주기 위해
부모는 여러 가지로 노력하는데...
바로
'태교'라고
하죠!

워킹맘인 나는 그것이 마음처럼 쉽지 않았다.
퇴근 후 집에 오면
자기 바쁘고오오~
주말에도
자기 바쁘고오오~~

손을 많이 움직일수록
태아의 두뇌 발달에 도움이 된다는데
애착 인형
이라든가
모빌이라든가
배냇저고리라든가
바느질 태교!!

키보드 타자 치기가 유일하게
손을 움직이는 것이었고
와다다다다다
+스트레스
+스트레스
칼퇴할끄야!!!!!
타다다다닥

태교 책이라도 읽어 줄까 했지만...
태교 동화
엄마가
책 읽어 줄게~

호르몬 때문에 대실패!!!!
너를 사랑해~
너..르.....ㄹ.. ㅅ..어흐으으으윽!!!
눈물이 앞을 가려
책을 읽을 수가 없다!!!

그나마 나 대신 도리가 많이 신경 써 줬지만
태교 음악도 들려주고~
동화책 읽어 주기
아빠 곰은 말했어요~
아빠의 중저음 목소리가
태아에게 더 잘
전달된다고 해요!

'태교'에 신경 쓰지 못 하는
엄마가 된 것 같아 마음이 무거웠다.
과장님~
회사 다니면서
태교 어떻게 하셨어요??
태교~?
에효효..
저 벌써 임신
7개월찬데 너무 못 해 주는
것 같아서요...

태담이라도 많이 해 주라는데
예쁜 말 해 주려니
손발이 오그라들어서...
나도 잘 못 해줬지 뭐~
퇴근하면 자기 바빴어
예쁜 말...?
도란 씨~
태교 넘 어렵게 생각하지 마.
태담은 좋은 말, 예쁜 말만
해 주는 게 아니야.
그냥 친한 친구한테
하듯이 편안하게
이것저것 얘기해 봐.
엄마 마음이 편한 게
그게 진짜 태교지~

25주차

아기는 지금...

청각 기능이 거의 다 만들어져 외부 소리를 들을 수 있어요.
앗! 엄마 목소리다!
목과 가슴에 갈색 지방이 쌓이고 있어요.
척추가 완성되고 있는 중이에요.

아기의 이야기

우리 몸의 기둥이라고 할 수 있는 '척추'
태아
신생아
청소년
성인

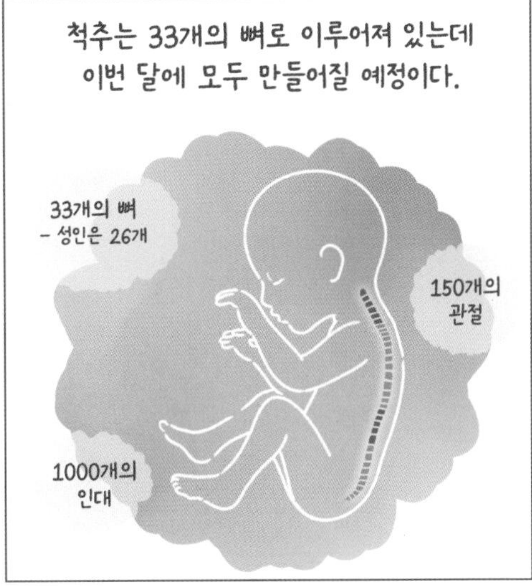

척추는 33개의 뼈로 이루어져 있는데
이번 달에 모두 만들어질 예정이다.
33개의 뼈
- 성인은 26개
150개의
관절
1000개의
인대

그리고 열과 에너지를 만드는 '갈색 지방'이
목, 어깨, 가슴에 쌓이고 있다.
갈색 지방
열, 에너지
백색 지방
쓰고 남는 열량을
지방으로 축척

이 갈색 지방 덕분에 체온 변동이 심한
아기들이 뇌, 심장, 폐의 체온을
유지한다는 사실!
따끈
따끈

청각도 거의 완성이 되어
이제 외부 세계의 소리도 들을 수 있다.

어떤 이야기든 엄마와
함께할 수 있다면♥

엄마의 다이어리

○ 우리 아기는 얼마나 자랐을까?

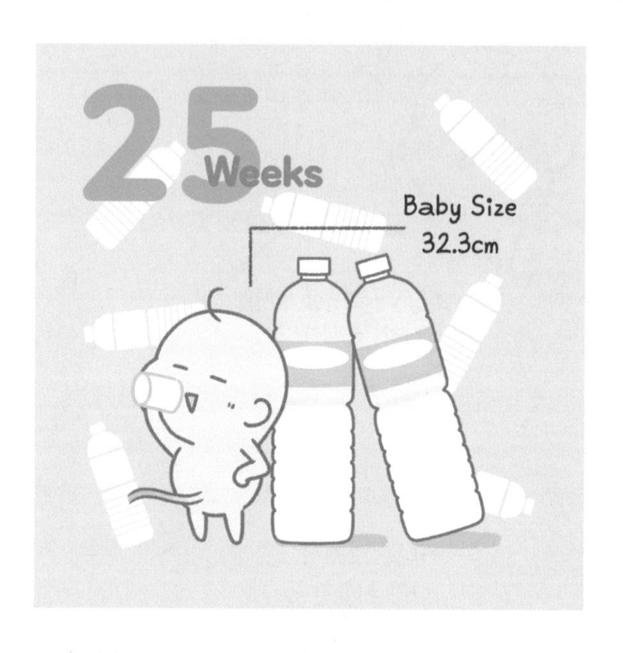

_____년 _____월 _____일 D- _______

엄마의 컨디션 : 😆 🙂 😐 ☹️ 😖

아기의 컨디션 : 😆 🙂 😐 ☹️ 😖

○ 우리 아기를 위해 어떤 태교를 하고 있나요?

○ (   )에게 보내는 태교 편지!

26주차

엄마는 지금...

빈혈 예방을 위해
철분제를 먹어요.
욱씬욱씬
프로게스테론 호르몬
때문에 잇몸이
붓고 약해져요.
자궁이 커지면서
맨 아래 갈비뼈가
바깥으로 휘어요.

도란과 함께 알아보는
임산부 혜택!!
내가 받을 수 있는
혜택이 뭐가 있을까...?

1. 임신 출산 진료비 지원을 위한
임산부 바우처.
국민행복카드
단태아는 100만원
다태아는 140만원
이제는 일반 병원비로도
사용 가능하대요~!

참고로 나의 바우처는
입덧 약과 입덧 수액으로 사라졌다...
아니 제대로
써 보지도 못 하고!!!
이렇게 보내다니!!
내가 (바우처) 고자라니!!!
*저는 바우처
60만원 시대였습니다.

2. 임산부 등록이 되면 병원 외래 진료비 할인.
임신하고 나니까
잇몸도 너무 잘 붓고
피도 나요...
치과 가서
스켈링 받아 봐~
임신 중기부터는
괜찮아!!
그래요? 바로
가 봐야겠어요!

진료비 본인 부담 비율에서
20%가 추가로 감면이 된다!
예에에?!?
스켈링이 오천 원이요??
원래 만오천 원 아닌가요?
임산부여서
할인이 돼요~
우와!!!

3. 보건소 임산부 지원 사업.
16주 지나서
철분제까지 타 왔으니
받을 건 다 받았네!
엽산제
12주 이내
철분제
16주 이상
임산부 배지
임산부 자동차 스티커
임신 관련 물품을 지원받을 수 있고

산부인과 진료와 별도로
임신 관련 검사를 '무료'로 받을 수 있다.
임산부
산전검사
기형아
쿼드 검사
임신성 당뇨 검사
*지차제별로 지원이 다를 수 있습니다.

4. 임산부 친환경 꾸러미 지원.
엄마와 아기를 위해
건강한 먹거리를
제공받아요!!
*20% 자부담이 있습니다.

5. KTX, SRT 임산부 할인!

임산부라면 놓치지 말고
누리세요!

26주차

아기는 지금…

눈꺼풀이 열려 깜빡이고 눈을 비빌 수도 있어요.

부빗

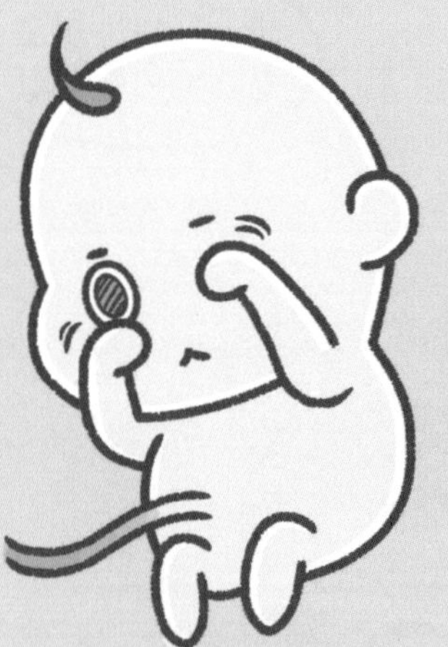

부빗

폐에는 체액이 가득 차 있어요.

명암을 구별해 빛에 반응해요.

아기의 이야기

내 눈은 생각보다 일찍, 그러니까
3주차부터 함께 발달했다.

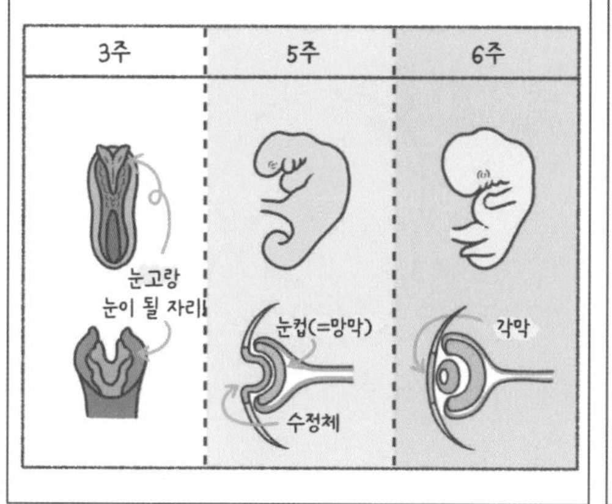

7주 정도엔 각막, 홍채, 동공, 수정체
그리고 망막이 발달하기 시작했다.

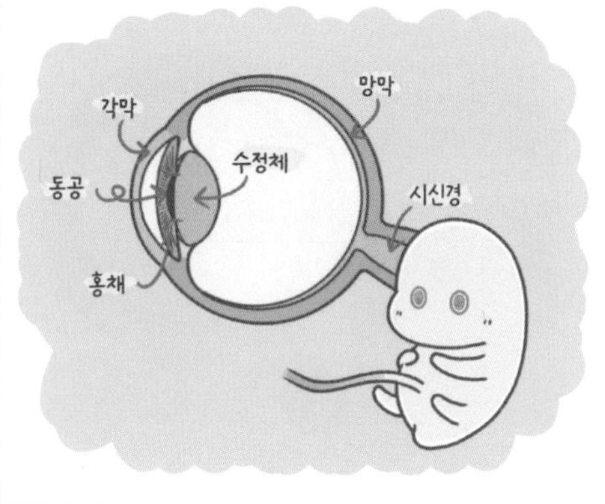

8주, 누관도 발달하기 시작했지만
출생 후 2-3개월이 지나야 완전히 형성된다.

10주에는 눈꺼풀이 완성돼 눈을 덮고

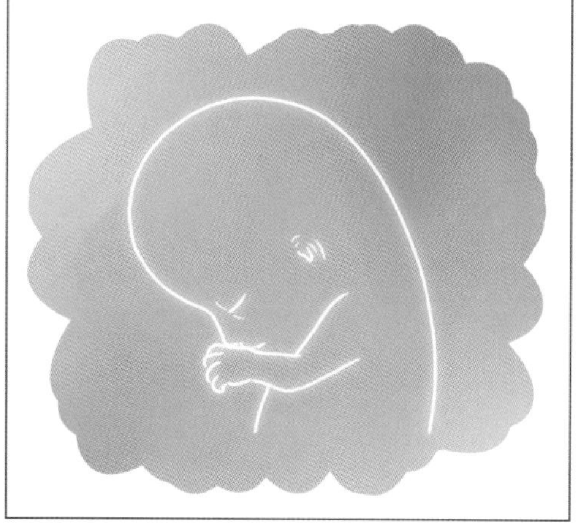

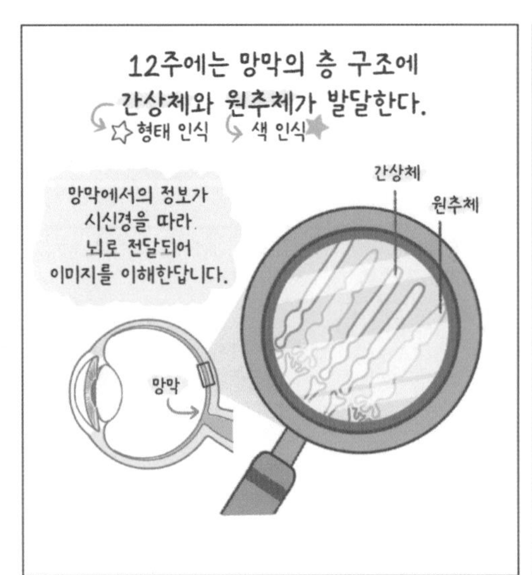
12주에는 망막의 층 구조에
간상체와 원추체가 발달한다.
형태 인식
색 인식
망막에서의 정보가
시신경을 따라
뇌로 전달되어
이미지를 이해한답니다.
간상체
원추체
망막

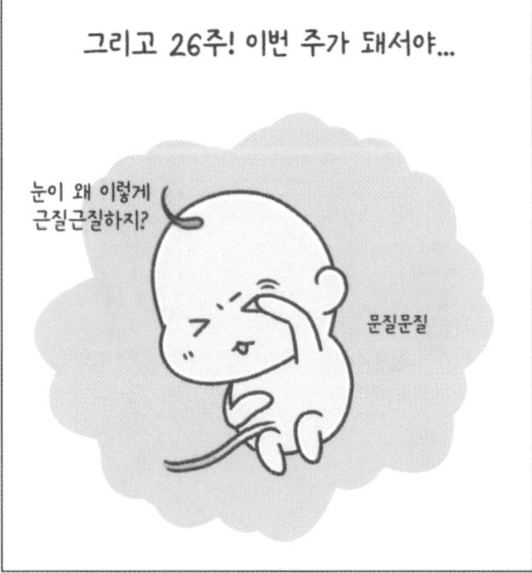
그리고 26주! 이번 주가 돼서야...
눈이 왜 이렇게
근질근질하지?
문질문질

닫혀 있던 눈꺼풀이 드디어 열리게 되었다!!!
번쩍!!
누... 눈이 떠졌어!!!!

눈을 깜빡이거나 비빌 수도 있고
빛에 반응한다.
깜빡
깜빡
부빗
부빗
우왕 이쪽에서
빛이 들어와~

하지만 너무 밝은 빛은
아직 조금 무섭고 불안하다.

시력이 좋아지려면
아직 멀었지만
두 눈으로 아빠 엄마
볼 생각에
설레는 중!

엄마의 다이어리

○ 우리 아기는 얼마나 자랐을까?

____년 ____월 ____일 D-______

엄마의 컨디션 : ☺ ☺ ☺ ☹ ☹

아기의 컨디션 : ☺ ☺ ☺ ☹ ☹

○ 내가 가장 애용하는 임산부 혜택은 무엇인가요?

○ 이런 혜택도 있었으면 좋겠다!

27주차

엄마는 지금...

엄마의 이야기

27주, 임신 중기 막바지.
이제 배가 제법 나왔다.
와! 도란씨~
이제 누가 봐도
임산부야!
헤헤
배 많이 나왔죠?

근데 배에
튼살은 안 생겼어??
튼살 그거
관리 잘 해줘야 돼~
안 그럼 나중에
고생해.
음.. 튼살이요?
아직 못 본 것 같은데...
나처럼.. 휴

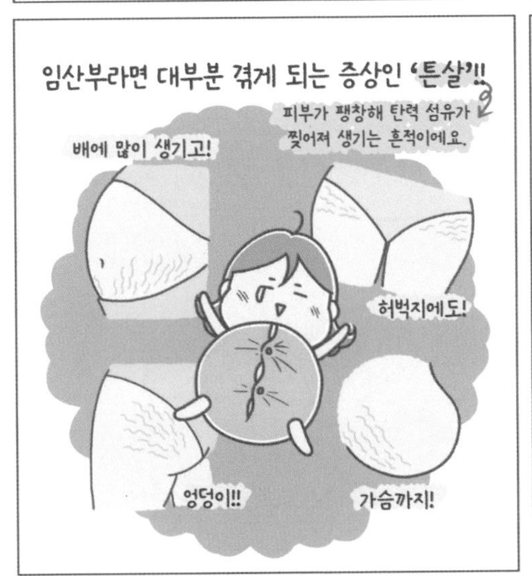
임산부라면 대부분 겪게 되는 증상인 '튼살'!!
피부가 팽창해 탄력 섬유가
찢어져 생기는 흔적이에요.
배에 많이 생기고!
허벅지에도!
엉덩이!!
가슴까지!

급격한 체중 증가도 있지만
과도한 호르몬 분비가 주된 원인이다.
부신피질호르몬
하... 또 너야?
느슴브자...
흠.. 흠흠!!

초기엔 붉게 생겼다가 나중엔 하얗게 변하는데
한 번 생긴 튼살은... 없어지지 않는다.

그래서 임신 초기부터 크림이나 오일을 발라
튼살을 예방해 주는 것이 가장 좋은데

선물 받은
크림이 있는데
초기에 바르다가
입덧하면서 멈췄죠...

어딨더라...

안 돼~ 지금부터라도
꾸준히 발라 줘!!
마사지도 해 주고~

관리를 잘 해준다 해도 개인차가 있어
증상 정도는 다를 수 있다.

근데 아무리 관리
잘해줘도 튼살 생기는
경우가 있다?

반대로 딱히 관리
안 했는데 튼살 안 생기는
사람도 있고~

엥?? 그럼 저는
튼살 안 생기는 쪽인..?

아직
안 생겼으니까?

지 알았는데...

복부 사각지대..
나의 튼살은 열심히
피어나고 있었다...

27주차

아기는 지금...

뇌세포가 급격히 늘어 기억력이 좋아져요.

아... 편안해

귀는 액체로 차 있지만 소리는 잘 들려요.

양수는 700ml 정도 차 있어요.

아기의 이야기

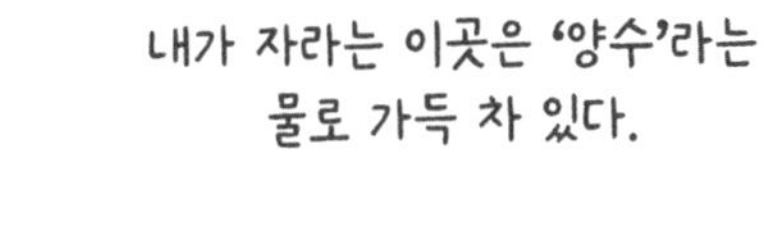

내가 자라는 이곳은 '양수'라는
물로 가득 차 있다.

양막
융모막

처음에는 엄마 몸에서 나오는 물로 채워졌는데
20주 이후로는 내 소변으로 채워진다.
마시고
싸면서
채워지는 양수

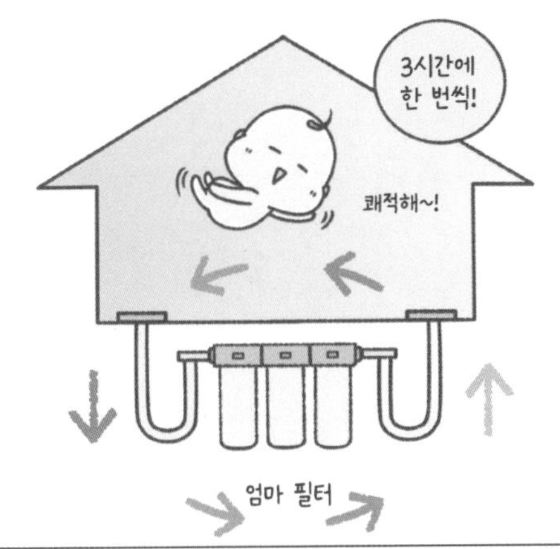

채워진 양수는 고여 있는 것이 아니라
매일 완전히 새 것으로 교체된다.
3시간에 한 번씩!
쾌적해~!
엄마 필터

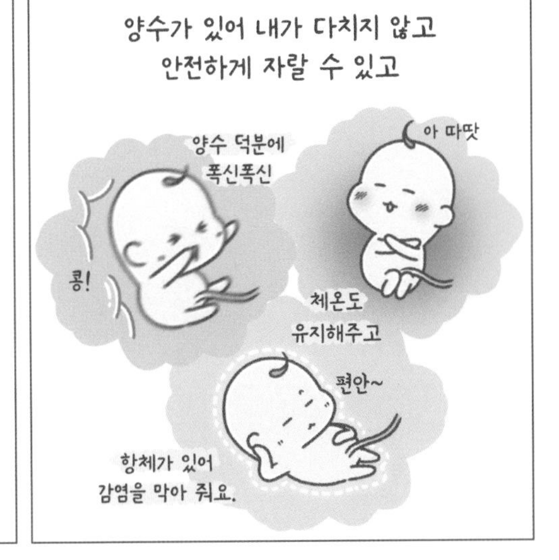

양수가 있어 내가 다치지 않고
안전하게 자랄 수 있고
양수 덕분에 폭신폭신
콩!
아 따땃
체온도 유지해주고
편안~
항체가 있어 감염을 막아 줘요.

근육과 골격이 발달하고
폐와 소화기관이 발달하는 데 도움을 준다.

그리고 양수를 통해 나의 건강 정보를
확인할 수 있다.

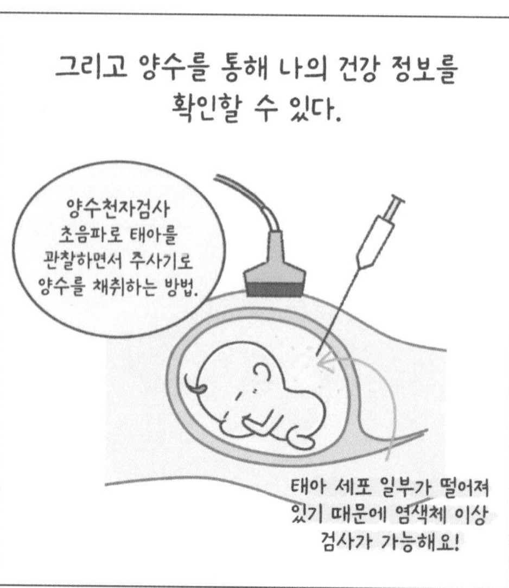

양수는 내가 자라면서 함께 늘어나게 되는데

이 평균 수치보다 적다면 '양수과소증'

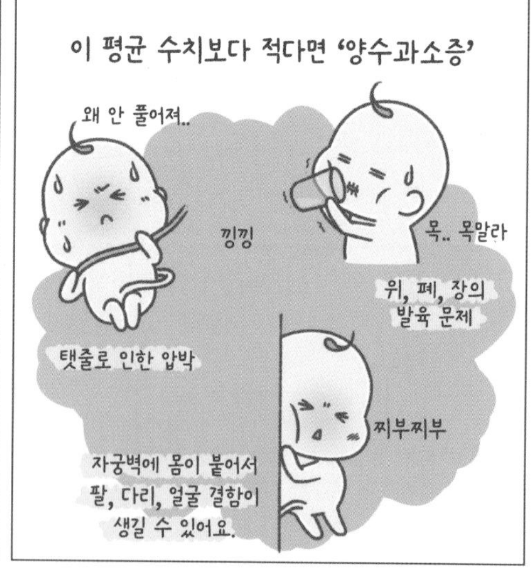

반대로 너무 많다면
'양수과다증'이라고 한다.

닥터 조 한마디

양수과소증과 과다증에는 다양한 원인이 있지만
태아에게 문제가 있는 경우가 있으니 확인해 주세요!

건강한 양수를 위해
물 많이 마시는 거
잊지 마세요 엄마!

엄마의 다이어리

○ 우리 아기는 얼마나 자랐을까?

_____ 년 _____ 월 _____ 일 D- _______

엄마의 컨디션 : 😆 🙂 😐 ☹️ 😖

아기의 컨디션 : 😆 🙂 😐 ☹️ 😖

○ 임신 후 튼살을 발견한 소감은?

○ 나는 튼살이 생기지 않게 (　　) 했다!

28주차

엄마는 지금…

초유가
만들어지고
있어요.

두근두근
입체 초음파…

옆으로 누워 자는 것이
태아가 더 안전해요.

단백뇨 검사를 시작해요.
– 수치가 높으면
임신중독증일 수 있어요.

엄마의 이야기

지난달 정기 검진이 끝나고
다음 달 예약을 잡으려는데
산모님 25주부터 29주 사이에 입체 초음파를 찍을 수 있어요.
원하시면 미리 예약해 주세요~
아.. 입체 초음파요? 정밀 초음파랑 다른 건가요?

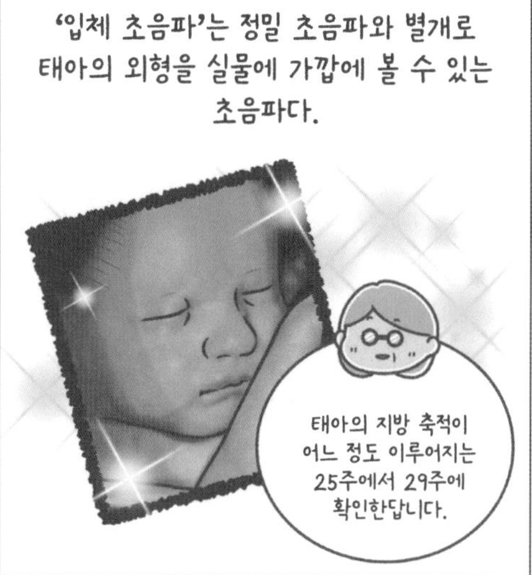

'입체 초음파'는 정밀 초음파와 별개로
태아의 외형을 실물에 가깝게 볼 수 있는
초음파다.
태아의 지방 축적이 어느 정도 이루어지는 25주에서 29주에 확인한답니다.

필수로 해야 하는 진료가 아니기 때문에
엄마의 선택이 필요하다.
와 10만원이나 하네? 할까 말까...
보면 신기하긴 하겠다.
흠... 어차피 태어나면 볼텐데
그럼.. 패스?
안 하자니 후회할 것 같고...
아아악!!

고심(이라 쓰고 답정너라 한다) 끝에
입체 초음파를 찍기로 했다.
아니~ 너무 너무 너무 궁금하잖아....
ㅋㅋㅋ 잘했어~ 누구 닮았나 보자
초음파실
도란 님~ 들어오세요!

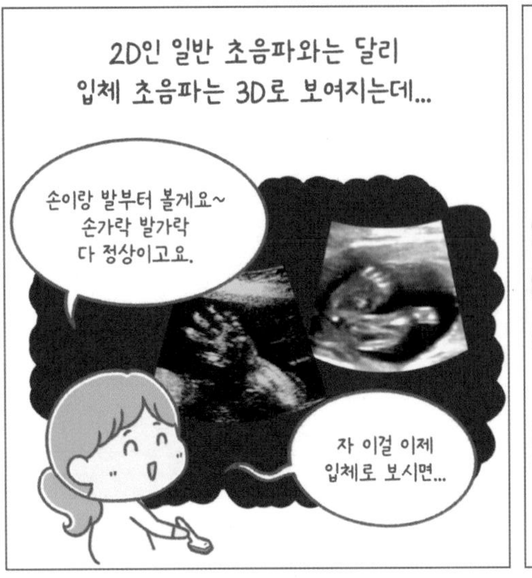
2D인 일반 초음파와는 달리
입체 초음파는 3D로 보여지는데...
손이랑 발부터 볼게요~ 손가락 발가락 다 정상이고요.
자 이걸 이제 입체로 보시면...

귀여움이란 것이 폭발한다!!!
너어어무 귀엽죠??
네.. 네!!!!!

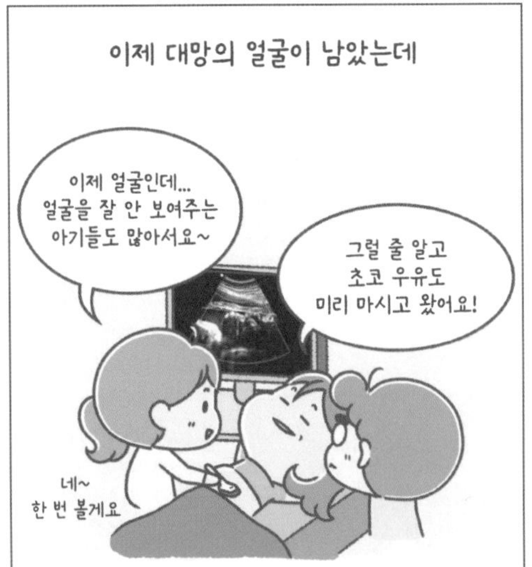
이제 대망의 얼굴이 남았는데
이제 얼굴인데... 얼굴을 잘 안 보여주는 아기들도 많아서요~
그럴 줄 알고 초코 우유도 미리 마시고 왔어요!
네~ 한 번 볼게요

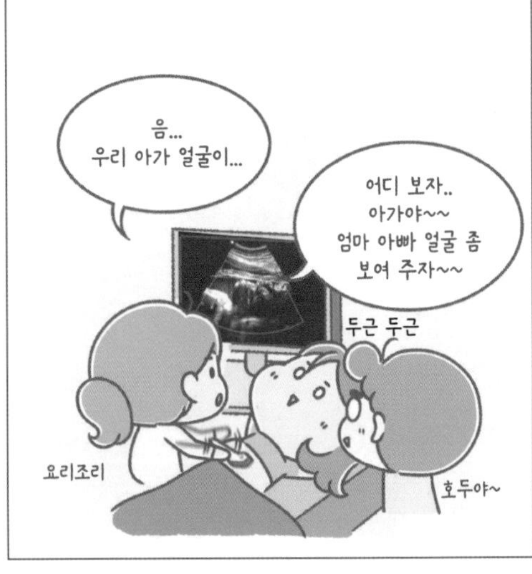
음... 우리 아가 얼굴이...
어디 보자.. 아가야~~ 엄마 아빠 얼굴 좀 보여 주자~~
두근 두근
요리조리
호두야~

호두가 잔단다...
그것도 등까지 돌리고

28주차

아기는 지금...

아기의 이야기

호두~ 오랜만이에요!
우리 한 달만이죠?
들었을지 모르겠지만
오늘은 특별한 사진을
찍는답니다.
그래서 모셔 온 스페셜 게스트!
수리.D 작가님!!
흠흠

제가 찍는 깜깜한 사진과는
비교도 안 되게
근사한 사진.. 응?
닥터 조 근데 저
너무 졸려요...
아?
스르륵
아까 너무 뛰어
놀았나 봐요..

아이고 안 되는데?!?
작가님 어렵게 모셨는데!!
아~~ 작가님
그럼 손발 촬영이라도
먼저 해 주시겠어요?
네, 그러죠.
찰칵
찰칵
찰칵

아..
손발은 겨우 찍었는데
얼굴은 도저히
각이 나오지 않네요...
아니 등까지 돌리고
잠들기 있기?!?
ZZZ

제가 다음 스케줄이 있어서
다시 예약을 잡으셔야...
아니요! 안 돼요!
오늘 끝내시죠!!
제가 해볼게요!!
하.. 필살기를 쓰는 수밖에

자.. 작가님도
준비되셨죠..?
네! 그럼요!!
자...자 갑니다...?

호두야!! 일어나자!!!
흔들
흔들
흔들
흔들
흔들
흔들

....
스르륵...
꿀꺽

입체 초음파도...
우당탕탕 성공!!

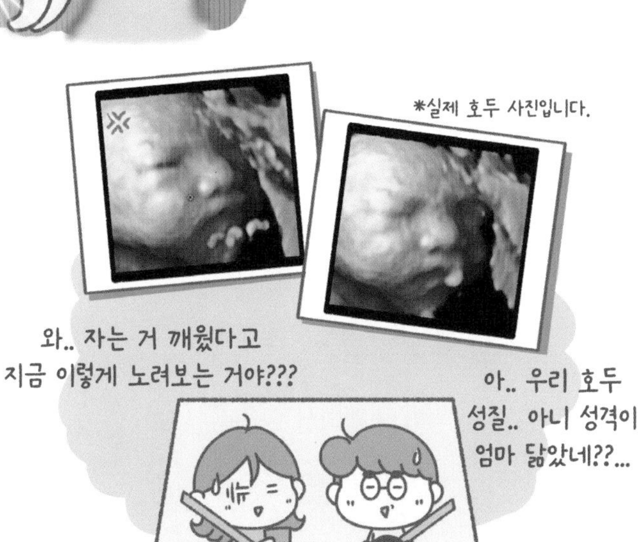

엄마의 다이어리

○ 우리 아기는 얼마나 자랐을까?

____년 ____월 ____일 D-______

엄마의 컨디션 : 😆 🙂 😐 🙁 😖

아기의 컨디션 : 😆 🙂 😐 🙁 😖

○ 입체 초음파로 가장 보고 싶은 우리 아기 신체 부위는?

○ 아기 얼굴을 처음 본 소감이 어때요?

29주차

엄마는 지금...

엄마의 이야기

29주.. 이제 임신 후기에 들어섰다.
도란 씨 그러고 보니 조리원은 정했어?
조리원이요? 이제 슬슬 알아보려구요.

뭐?? 아직도 안 정했어? 보통 16주 전에는 예약하는데..
아?? 그런 거예요????
인기 많은 곳은 금방 차기도 하고..
근데 조리원이 좋을지.. 산후도우미가 좋을지 고민이에요.

무슨 소리야?! 무조건 조리원 가야지!!
2주 만이라도 천국을 누려!! 왜냐면... 그 다음부터는 지옥일 테니까!!!!
몸이 얼마나 붓는데
그거 마사지 받아
새벽 수유는 또
집에 첫째가 있는 것도 아닌데?
아... 네.. 네 대리님

주변의 강력한 추천(?)으로 조리원에 가는 것으로 결정한 후
예약 시기가 많이 늦어져서 두세 군데 정도만 가 보고 결정해야 할 것 같아..
이건 가서 확인할 것들이야?

내가 중요하다고 생각하는 부분을 정리해
체크리스트를 만들었는데...
1인당 신생아 케어 수.
1:4?
1:3?
베베캠 유무.
소아과 선생님
회진 횟수.

마사지 비용 +
가슴 마사지 도움 유무.
개별 수유인지
수유실이 있는지.
산모 교육 프로그램.
애착 인형
만들기.
본아트
촬영.
산후 요가.

룸 컨디션.
(청결도, 창문 유무)
조리원 위치.
병원, 집하고 멀지 않은 곳.
병원
조리원
회사
집
식사가 개별식인지
단체식인지?

그렇게 꼼꼼히 살펴보고 조리원을 정한 후
계약을 마치고 나오는 길에 마주친 신생아실...
우와!!
아기들이야!

둘이 아닌 셋이
이곳에 다시 올 날을
기다려 본다.

29주차

아기는 지금...

몸집이 커져서
배 속이 좁게 느껴져요.
뇌에 주름이
생기면서
기억력이 좋아져요.
읏차!
남아의 경우
고환이 내려오기
시작해요.

아기의 이야기

이곳에 들어온 지도 꽤 오랜 시간이 지났다.
이제 마지막 분기!
엄마 만날 날이
얼마 남지 않았어요!
임신 초기
~13주
임신 중기
14주~27주
임신 후기
28주~42주

요즘 들어 몸이 부쩍부쩍 크는 느낌이다.
쑥쑥

내 생식기에도 변화가 찾아왔는데...
남아의 경우
고환이 내려오기 시작해요.
응?
이때 제대로
내려오지 않으면
잠복 고환이 된답니다.

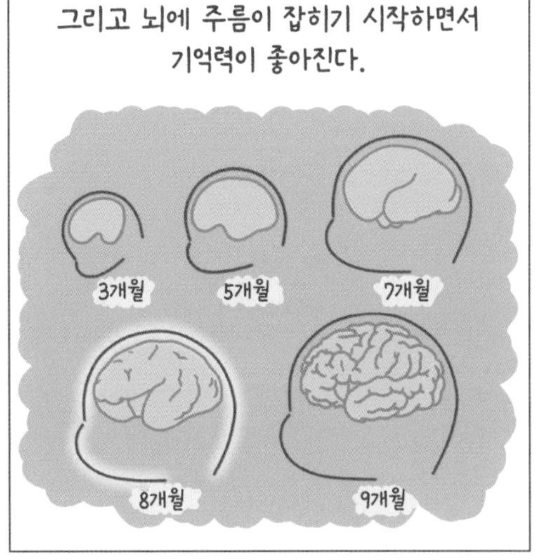
그리고 뇌에 주름이 잡히기 시작하면서
기억력이 좋아진다.
3개월
5개월
7개월
8개월
9개월

내가 집에서 떠날 때 문을 나가려면
발이 아닌 머리부터 나가는 게 좋다는데...
이렇게 발부터
나가면 안 되고
머리부터 나가야 해요.
그러니 거꾸로 도는
연습을 많이 해 봐요.
이렇게요?

아직은 이리저리 돌아다는 게 더 좋다.
둥실둥실

근데 요즘 집이
많이 좁아진 느낌이야..
뛰어다닐 공간도
없어지고 있어...
왜지..?

집이 좁아진 걸까 아님 내가 큰 걸까?
읏차!
그래서인지 조금만 움직여도...

밖에서 들려오는 비명 소리...
조.. 조심해야겠다.

엄마의 다이어리

○ 우리 아기는 얼마나 자랐을까?

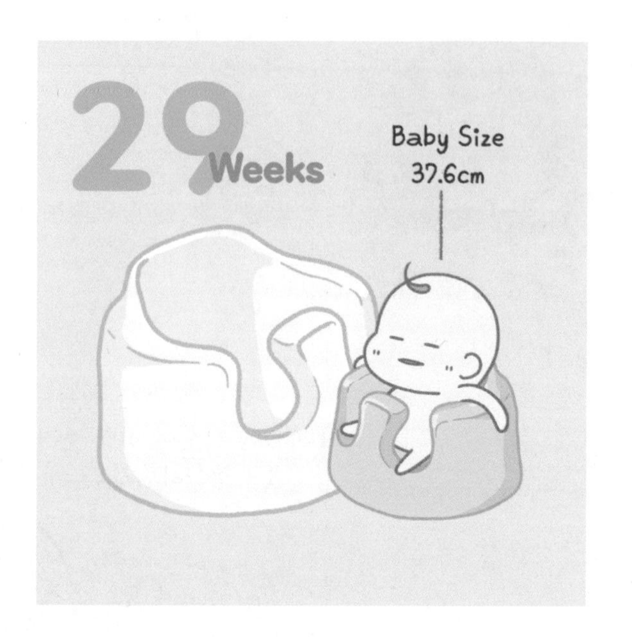

______ 년 ______ 월 ______ 일 D- ________

엄마의 컨디션 : 😆 🙂 😐 🙁 😖

아기의 컨디션 : 😆 🙂 😐 🙁 😖

○ 산후조리원? 산후도우미? 나의 선택은??

○ 손과 발 부종을 막기 위한 나의 노력은?

30주차

엄마는 지금...

임신 후기에는
'임신중독증'이
나타날 수 있어요.
고혈압, 부종,
단백뇨가
주요 증상.
정기 검진은 2주에
한 번씩 받아요.
140
90
자궁이 횡격막을
눌러 숨이 가빠져요.

엄마의 이야기

임신 후기에는 2주에 한 번씩 정기 검진을 받게 된다.
앞으로는 오실 때마다 소변 검사를 하실 거예요.
네?!? 오기 전에 싹 비우고 왔는데...
여기에 충분히 묻혀 주세요.

병원에 올 때마다 혈압과 몸무게를 확인했었는데 이제 소변 검사가 추가되었다.
중간 소변 받아오라고 하셨는데 그럴 양도 안돼!
다음엔 꼭 참고 와야지!!!

'단백뇨'를 확인하기 위해서인데...
네~ 주세요.
여.. 여기요. 넉넉하게는 못했어요...
쥐어 짜냈...

어째 첫 검사부터 또 불안해지는 걸까.
음... 단백뇨가 보이네요..?
수치가 30이상이면 안 좋은데 30에 살짝...
아.. 그럼 안 좋은 건가요?
진료 보실 때 자세히 말씀드릴게요~

그러네요.
단백뇨가 맞긴 맞는데...
어디 보자~
음 다른 수치는..
단백뇨가
문제가 되나요?
단백뇨
자체가 문제가
된다기보다...

단백뇨가
'임신중독증'
증상 중 하나여서요.
이..
임신중독증은 뭐죠?

임신 중에 혈압이 높아진 상태에서
단백뇨와 부종이 보이는 경우를 말하는데
임신 후기에 많이 나타난답니다.
혈액 순환이 잘 되지 않기
때문에 혈압이 올라가고
간, 신장 기능이 나빠져요.
고혈압
단백뇨
부종
140
90
평소보다 피로감이 심해지고
머리가 아프며 눈이 침침해지는
증상이 있어요.

호.. 혹시 아기한테도
안 좋은 건가요?!?
아무래도 태반으로
혈류 공급이 잘 안돼서
성장에 문제가 생기죠...
배.. 배고파..
네?!? 그.. 그럼
치료 방법은요???

엄마가 건강해야
아기도 건강하다는 거..
잊지 말자구요!!

30주차

아기는 지금...

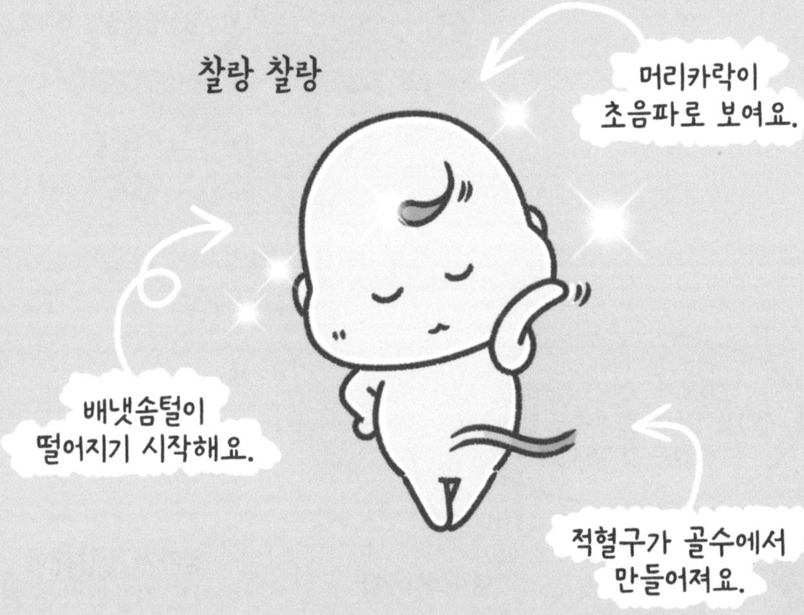

찰랑 찰랑

머리카락이
초음파로 보여요.

배냇솜털이
떨어지기 시작해요.

적혈구가 골수에서
만들어져요.

아기의 이야기

30주부터는 간에서 만들어지던
적혈구가 골수에서 만들어진다.
이제 네가 만들어
ㅇㅋㅇㅋ

그리고 20주에 생겼던 배냇솜털이
이번 주부터 떨어지기 시작한다.
뿕뿕

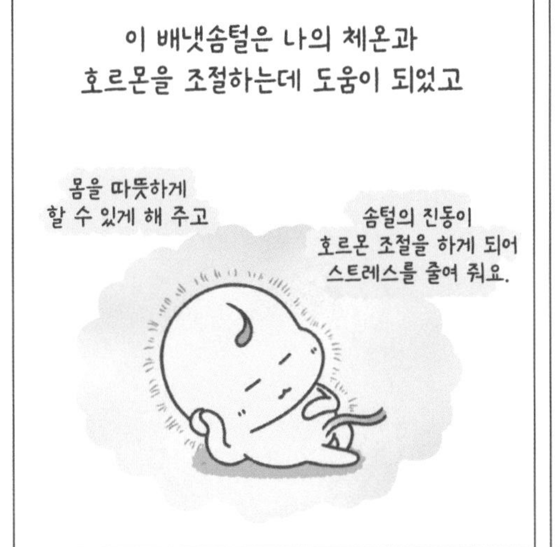
이 배냇솜털은 나의 체온과
호르몬을 조절하는데 도움이 되었고
몸을 따뜻하게 할 수 있게 해 주고
솜털의 진동이 호르몬 조절을 하게 되어 스트레스를 줄여 줘요.

'태지'가 내 몸에서 쉽게 벗겨지지 않도록
잡아 주는 역할을 한다.
태아 기름막 이라고도 함.
피부를 보호하고
미끄덩
주르륵
출산시 산도를 쉽게 빠져나갈 수 있게 도와줘요.

태지는 34주까지 두꺼워지다가
40주가 되면 거의 사라진다고 한다.

꾸덕한 크림치즈
같아요!

출생 후에도 남아 있을 수 있지만
억지로 제거하지 않아도
자연스럽게 사라져요!

떨어지는 배냇솜털과는 달리
나의 머리카락은 계속해서 자라고 있는데...

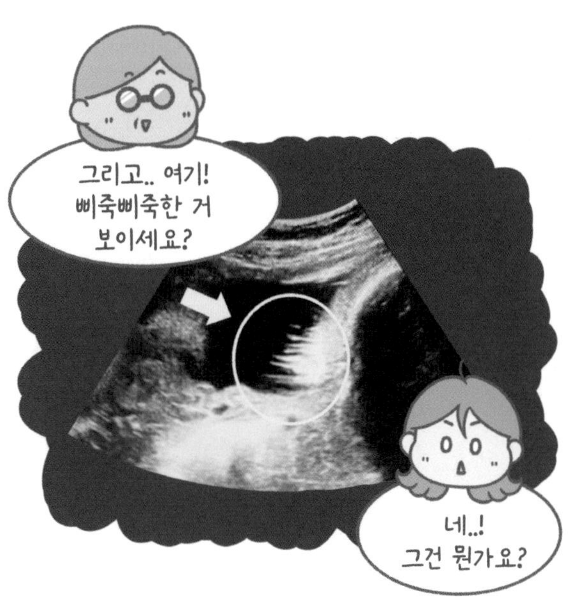

나는 엄마의 사랑스런 잔디 인형..♥

엄마의 다이어리

○ 우리 아기는 얼마나 자랐을까?

____ 년 ____ 월 ____ 일 D- ______

엄마의 컨디션 : 😆 🙂 😐 🙁 😖

아기의 컨디션 : 😆 🙂 😐 🙁 😖

○ 나의 단백뇨 검사 결과는 어떤가요?

○ 아기의 귀여운 머리카락을 봤나요?

31주차

엄마는 지금...

자궁 수축으로 인해
배 뭉침이 생겨요.
숨참
배뭉침
발붓기
커진 가슴으로
어깨 통증이,
불러온 배로 인해
요통이 생길 수 있어요.

엄마의 이야기

이제 출산까지 두 달 남짓 밖에 남지 않았는데
와~!! 이제 두 달 뒤면 호두 만나는 거야??
시간이 벌써 그렇게 됐어?
회사 다니느라 시간 가는 줄 몰랐네...

임신 기간 내내 너무 일만 한 것 같아
더 늦기 전에 '태교 여행'을 가기로 결정했다.
아기 나오면 여행은 꿈도 못 꾼다는데... 우리도 다녀오자!!
그럴까? 어디 가고 싶은 데 있어?

일반적으로 태교 여행은 17주에서 27주 사이,
임신 중기에 많이 가는 편이고
태교 여행지 베스트5래. 괌, 세부, 오키나와, 다낭, 사이판...
우린 지금 해외로는 좀 늦은 것 같고... 음.. 제주도 어때?!
오! 제주도 좋다!!!

비행기의 경우 32주 이내에 타는 것이 좋다.
32~36주까지 건강확인서 필요
37주 이상 탑승불가 (다태아 33주 이상)
31주라서 확인서 안 내도 되는 구나? 다행이다.
응응. 아! 우리 여행 계획표 봤어? 뽑아 왔어. 봐 봐.

오랜만에 떠나는 여행이지만 임신 전에
숱하게 다녀온 여행들을 떠올리며
빽빽
이.. 이게 가능한
스케줄이야?

호기롭게 여행길에 올랐는데...
핫스팟 뿌셔 뿌셔!
제주도 딱 기다려!

내가 임산부라는 사실을 잊어서는 안 됐다.
으어어어어어억
숨참
배 뭉침
손발 부기

가야할 데가
한참 남았는데...
지금 이 시간에
호텔 방이라니!!!
하.. 너무 속상해!!
내가 이런 사람이
아니었는데...
체력 하면
이도란이었는데?
도란아...

여기저기 돌아다니는 것도 중요하지만 우리 이번 여행은 '태교' 여행이니까 쉬엄쉬엄 힐링하고 가자
나는 너랑 우리 호두가 무리하지 않았으면 좋겠어.
도리야.....
그런 말 하기에는 본인이 너무 침대와 한 몸이 됐다고 생각 안 함?
무.. 무슨 소리야 나는 우리 마누라 걱정 뿐...
나 다 회복된 것 같은데?
아.. 안 돼!! 우리 호두 힘들어!!
모두(?)가 행복한 태교 여행 되자구요.

31주차

아기는 지금...

배 속에서 자세를
잡는 시기예요.

머리가 아래로 내려오는
'두위'가 되어야 좋아요.

눈동자 색이
만들어져요.

아기의 이야기

이번 주부터 내 눈동자 색깔이
만들어지기 시작하는데...

색이 완전히 자리 잡기 위해서는
생후 6~8개월까지도 걸린다고 한다.

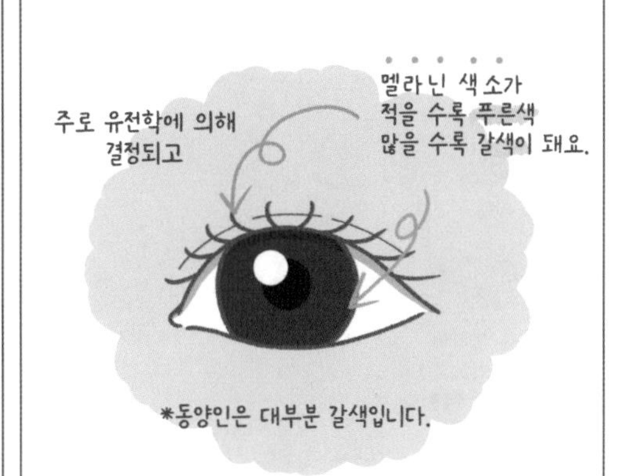

그리고 몇 주 전부터
자세 잡는 연습을 하고 있는데...

- √ 머리는 아래(문)로 향하고
- √ 목과 턱은 앞으로 구부러지고
- √ 얼굴은 엄마의 등을 향하고
- √ 팔은 가슴 앞쪽으로 구부러짐

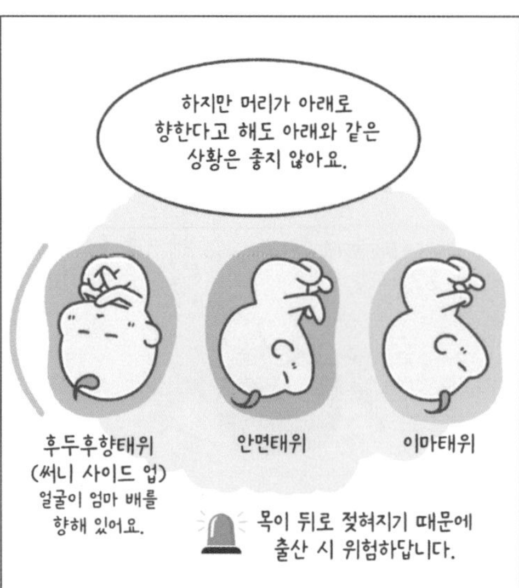
하지만 머리가 아래로
향한다고 해도 아래와 같은
상황은 좋지 않아요.
후두후향태위
(써니 사이드 업)
얼굴이 엄마 배를
향해 있어요.
안면태위
이마태위
목이 뒤로 젖혀지기 때문에
출산 시 위험하답니다.

다음은 거꾸로 돌지 않고
다리나 엉덩이가 문쪽으로 향하는
'둔위'에 대해서 알아보죠.
臀位
이렇게 다리나 무릎이
먼저 나온다거나
부전족위
전족위
전슬위

다리와 엉덩이가 함께,
혹은 엉덩이가 먼저
나오는 경우를 말해요.
복전위
단전위

그리고 드물지만 옆으로
누운 자세인 '횡위'가 있죠.
횡위
이런 자세들이 된다면
'역아'가 되는 거예요.

닥터 조의 열정적인 강의와
나의 꾸준한 노력이 있었지만

아직 나에게는 조금
어려운 일이었나 보다...

엄마의 다이어리

○ 우리 아기는 얼마나 자랐을까?

____ 년 ____ 월 ____ 일 D- ____

엄마의 컨디션 : ☺ ☺ ☺ ☺ ☺

아기의 컨디션 : ☺ ☺ ☺ ☺ ☺

○ 내가 가고 싶은 태교 여행지는 어디인가요?

○ 아기와 함께 가 보고 싶은 여행지는?

32주차

엄마는 지금...

원활한 혈액 순환을 위해
앞으로 누워 자는 것보다
옆으로 자는 게 좋아요.
태아가 역아라면
고양이 자세
운동을 해 보세요.
바들바들

엄마의 이야기

아기가 '역아'로 있다는 소리에 놀라긴 했지만

여.. 역아요?!?

그.. 그럼
수술해야 하나요?

아직은 그래도 시간이 있으니 기다려 보자는
선생님의 말씀에 살짝 안심해 본다.

고양이 자세가 도움이 된다는 얘기를 듣고
열심히 해 보지만, 생각보다 쉽진 않다.

이것 말고도 요즘 나를
힘들게 하는 자세가 있는데

그건 바로 '수면 자세'이다.
그렇게 자니까 다리에 쥐가 너무 많이 나요...!!!
악!!!!!
쥐 나는 게 이렇게 아픈 건지 이번에 첨 알았잖아요...
에구.. 그러면 말이야~

임신 후기로 갈수록 잘 때 편안한 자세를 잡기가 여간 쉬운 게 아니다.
옆으로 누워서 자 봐 배도 훨씬 편하고 혈액 순환도 잘 될 거야.
그리고 바디필로우도 진짜 좋다?? 껴안고 자면 배도 걸쳐지고 넘 좋아!
또.. 왼쪽으로 눕는 게 좋댔지?

옆으로 누워 자는 편이 엄마에게도 아기에게도 좋다고 하니 그렇게 해야겠다.
와... 진작 옆으로 누워 잘걸 그랬어! 훠어얼씬 나아!
요즘 잘 자는 거 같던데.. 좀 어때??
바디필로우는 사랑이고♥
다행이네

그나저나 출산하고 나면... 다시 편하게 푹 잘 수 있겠지..?
그래도 안 깨고 푸우욱 자고 싶어~!!!
그러게.. 호두 방 빼고 나면 좀 괜찮아지겠지?
그렇지 않을까? 완전 숙면 가능할 듯?!? 호두~ 언능 방 빼!ㅋㅋㅋ
조금만 더 고생하자

아.. 아니야... 아니라고...

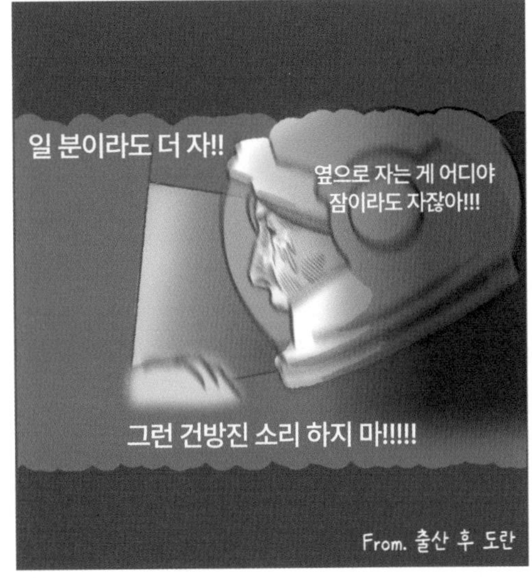
일 분이라도 더 자!!
옆으로 자는 게 어디야
잠이라도 자잖아!!!
그런 건방진 소리 하지 마!!!!!
From. 출산 후 도란

32주차

아기는 지금...

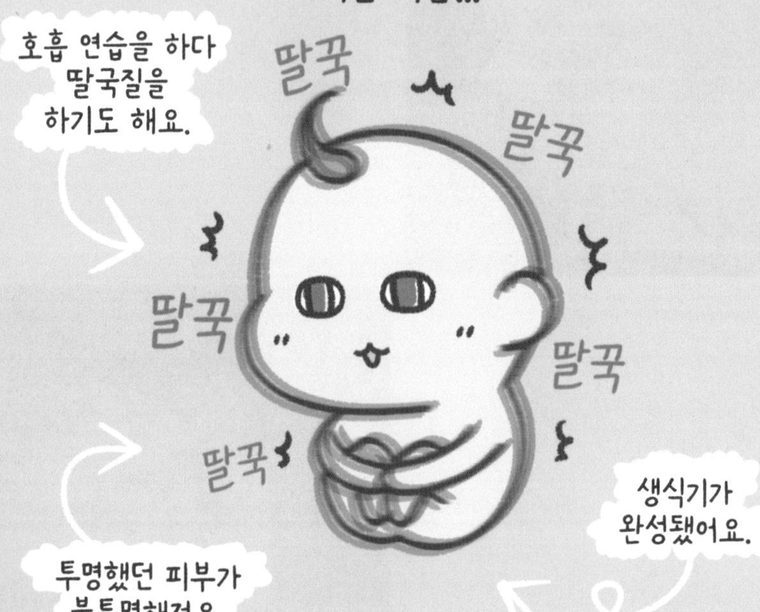

아기의 이야기

이제 피하지방이 많이 축적돼
주름이 펴지고 투명했던 피부가 분홍빛을 띤다.

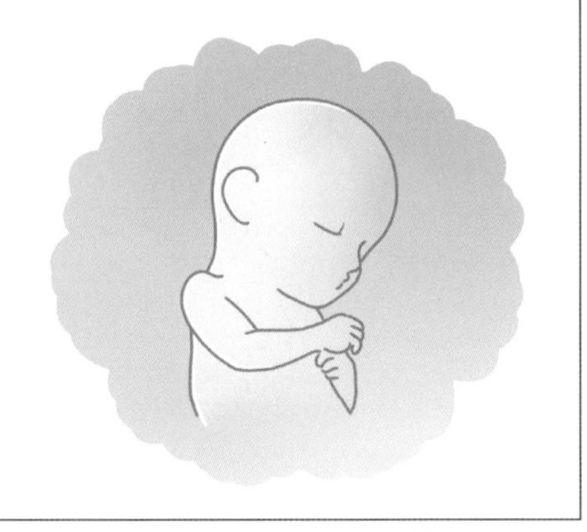

생식기가 모두 완성이 되었고,

24주부터 만들어지던 폐 계면활성제가
충분히 만들어졌는데

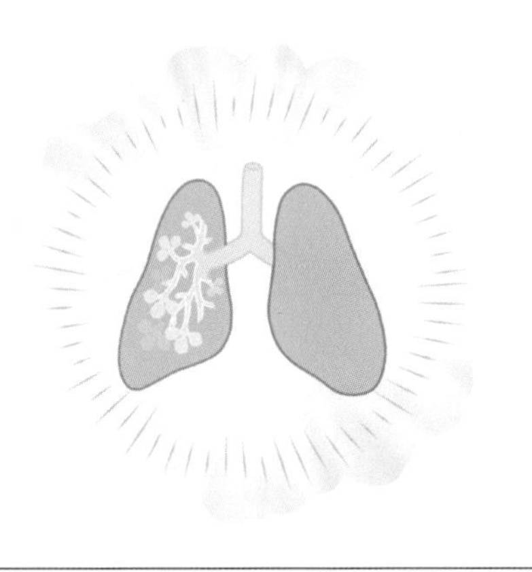

이번 주에 내가 이곳을 나간다고 해도
생존할 수 있는 가능성이 높아졌단 얘기다.

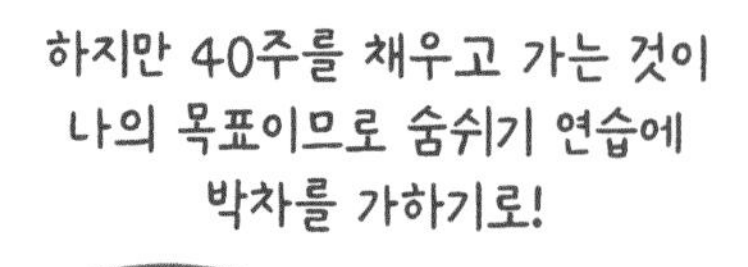
하지만 40주를 채우고 가는 것이
나의 목표이므로 숨쉬기 연습에
박차를 가하기로!

거꾸로 구르는 연습은 잘하고 있는 듯하고...
호흡 연습은 어때요? 꾸준히 하고 있죠?
하고는 있는데 좀 어려워요...

자 그럼 따라 해 보세요!
들숨! 들이쉬고~~ 흐으으읍
날숨! 내쉬고~~ 후우우우
후우우우

켁!!!

선생님 몇 주 전부터 배에서 규칙적으로 콩콩 콩콩? 그러는데...
괜찮은 건가요? 한 번 시작되면 2~3분? 그래요.
아! 그건 말이죠~~

딸꾹
딸꾹
딸꾹
딸꾹
딸꾹
아기가 딸꾹질을 하고 있는 거예요~
밖으로 나오기 위해 열심히 숨쉬기 연습을 하고 있다는 거랍니다.
으앗!!! 별 걸 다 하네요? ㅋㅋㅋㅋㅋ
자 딸꾹질이 나오면 어떻게 한다?
들숨으로 물 마시고~~
딸꾹
흐아아아압
딸꾹
제가 얼마나 열심히 연습하는지 알겠죠?!

엄마의 다이어리

○ 우리 아기는 얼마나 자랐을까?

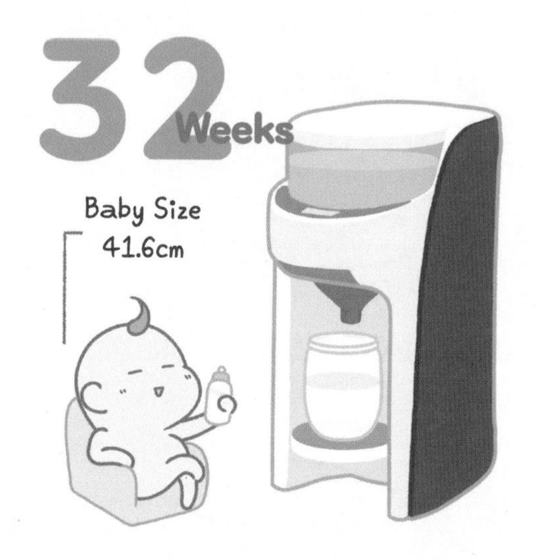

_____ 년 _____ 월 _____ 일 D- _______

엄마의 컨디션 : 😆 🙂 😐 🙁 😖

아기의 컨디션 : 😆 🙂 😐 🙁 😖

○ 배 속의 아기 딸꾹질 소리를 언제 처음 느꼈나요?

○ 딸꾹질이 느껴질 때 기분이 어때요?

33주차

엄마는 지금...

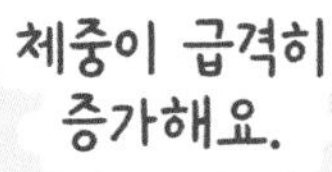

에구구...
허리야

척추와 관절 변화로
허리 통증이 생겨요.

자주 휴식을 취하고
무거운 건 들지 마세요.

엄마의 이야기

아얏!!!
아이고... 손목이야
도란 씨
손목 아파?
네... 며칠 전부터
욱신욱신해요.
벌써부터 손목 아프면
안 되는데...

손목은.....
출산하고 나면
더 아파지는데?!?!
너덜너덜
나 병뚜껑도 못 열어...
병뚜껑 오프너 필수여 필수.

으악!!! 안돼!!!
더 아파진다고요?
그러니까
손목 관리 잘 해~
무거운 거 들지
말고...
부장님은 임신하셨을 때
뭐가 젤 힘드셨어요?
나..?
음... 나는 말이지

그리하여 시작된...
痛
하였느냐...!

나는 말이지...
임신 기간 내내 허리가 너무 아팠는데
욱신욱신
아이고 허리야.....

임신 후기로 갈수록 골반이랑 엉덩이뼈까지 아파서 앉기도 힘들 정도였어!
'환도선다' 라는 말 들어 봤지? 그 증상이더라고.
으윽어어
하지만... 이게 끝이 아니었지

둘째 땐 밑 빠지는 증상이 더 심해지거든?
미.. 밑이 빠져요?!?
치골통이라고 하는데.. 음.. 누가 내 밑을 쭈우우욱 잡아당기는 기분이랄까..?
꺄아아악!!!

나는 말이야... 가슴이 너무 가려워서 혼났어.
시도 때도 없이 꼭쥐쓰가 가려운데 시원하게 긁을 수도 없고
아오.. 아오!!!
정말... 발사시키고 싶더라.....

근데 임신 중기 넘어가니 '임신소양증'까지 생겼는데
세상에!!! 그건 온~~몸이 가려워!!!!
자고싶다!!!!
긁적 긁적
긁적 긁적
밤에는 더 심해져서 불면증은 덤이고!!
임산부라 연고도 아무거나 쓸 수도 없고...
아!! 듣기만 해도 너무 괴로워요!!! 두 분 다 어떻게 버티신 거예요?
뭐 다 지나고 나니 추억이지ㅋㅋㅋㅋ
도란 씨는 어때? 뭐가 제일 힘들어??

33주차

아기는 지금...

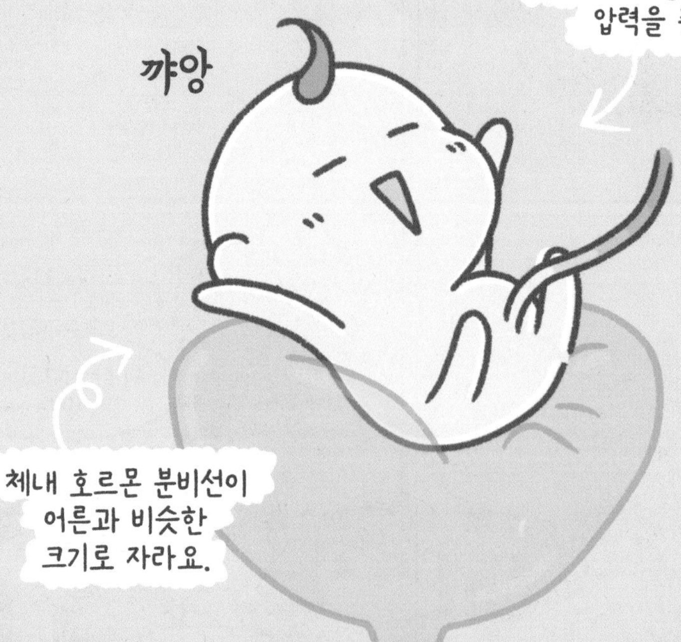

저는 임신 초기에는
빈혈 때문에 어지럼증이 생겨서
너무 힘들었는데
출퇴근길에 몇 번씩이나
중간에서 내렸나 몰라요..
휘청
으으...
눈앞이 정말
빙글빙글 돌더라구요.

요즘은 화장실에
자주 가는 게 힘들어요.
자다가도 몇 번을 가는지
자궁이 커지면서
방광을 눌러서 그래~
알고 보면 아기가
막 누르고 있고
그런 거 아니에요?ㅋㅋ

.....??
꺄앙

맞아요! 제 체감으로는
트램펄린 뛰듯이
뛰고 있는 듯해요.
하하! 아니 뭐 그러면
임신 때 속도 엄청 쓰리잖아.
숨 쉬기도 힘들고...
ㅋㅋㅋㅋㅋ
그건 이렇게 꽈악
껴안고 있는 거 아니야?

......?!!??
엄마 좋아
꽈악~~

발차기는 또 어떻고.
배 뚫고 나오는 줄
알았잖아!!
그러게요. 우리 다
축구선수 품고 있는 거죠?
미래의 손흥민?ㅋㅋ
ㅋㅋㅋㅋㅋㅋㅋㅋ
ㅋㅋ
우리 때는
축구왕 슛돌이!!

갈비뼈를 향해 차라!!
독수리
슈웃!!!!

와!! 그럴 거라고
생각하니까
은근 괘씸(?)한데요?!
호두 요녀석
엄마 그만 괴롭혀~
ㅋㅋㅋ
이렇게 열 달을
보낸다는 게 절대
쉬운 일은 아니지~
그런데 말이야...

엄마 그래도 우리는

통通하니까 괜찮아요.

엄마의 다이어리

○ 우리 아기는 얼마나 자랐을까?

년 월 일 D-

엄마의 컨디션 :

아기의 컨디션 :

○ 임신 중 겪었던 통증 중에 어떤 것이 가장 힘들었나요?

○ 우리 아기 발차기 실력은 어떤가요?

34주차

엄마는 지금...

살려 줘요...
건강한 출산을 위해
체력 관리는 필수예요.
임신선이
눈에 띄게
뚜렷해져요.
자궁과 질이
부드러워지니
성생활은 피해 주세요.

엄마의 이야기

일하는 산모다 보니 임신 기간 동안
체력 관리에 신경을 못 썼더니
주중
집 - 회사 - 집
주말
집에서 자고.. 자고...
또 자고

체력은 바닥을 찍고 체중은 꼭대기를 찍었다...
[황야의 도란]

건강한 출산을 위해 지금이라도
운동을 시작해 볼까 하는데...
요즘 날도 신선한데 밖에서 자전거 타는 건 어때?
자전거...? 음... 지난번에 산부인과 쌤이~

자전거나 등산, 윗몸 일으키기 같은 운동은 되도록 피하라고 하셨어.
야외 자전거 ×
실내 자전거 ○
아~ 몸에 무리가 가는구나??

그럼, 수영은 어때?
물에서 하는 거라
관절이나 허리에
무리가 덜 가지 않을까?
물도 엄청
좋아하잖아

좋긴 한데... 수영은
임신 전에도 하던 사람이
하는 편이 좋대.
아... 그렇구나.
그럼... 요가?!
요즘 집에서도
자주 했잖아!
고양이 자세였나?

오...!! 정적이고 좋다!
스트레칭도 되고!
임산부 요가니까
거의 앉아 있거나
누워 있겠지?!
차분
고요

라고 생각해 시작한 나의 '임산부 요가'는
오...!! 역시 거의 앉거나
누워서 하는구만!!
너무 좋다!!!!
근데 오랜만에
몸 쓰려니
이것도 살짝 힘들긴
하네.. 흐흐
자~~ 손을 앞으로
쭉쭉!! 뻗어 주세요

체력은 바닥,
체중은 꼭대기를 찍은 나에게
요기 다니엘 급의 고통을
선사해 주었다.

산모님. 첫날이라
좀 힘드셨죠?
너무 힘드신 동작
있으면 패스하셔도 돼요.

힘들지 않은
동작이 없.. 없….

요가가 이렇게
힘든 거였나요…?

후덜덜

출산까지…
열심히 체력을 키워 보아요!

34주차

아기는 지금...

눈으로 빨간색을
볼 수 있어요.
자궁 색이 빨갛기 때문에!

손끝에 손톱이
완성되었어요.

태아는 점점 커지고
골격이 단단해져요.

아기의 이야기 : 쌍둥이 이야기

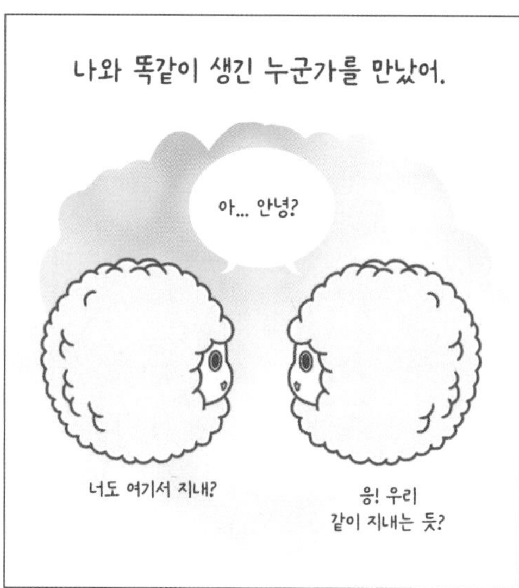

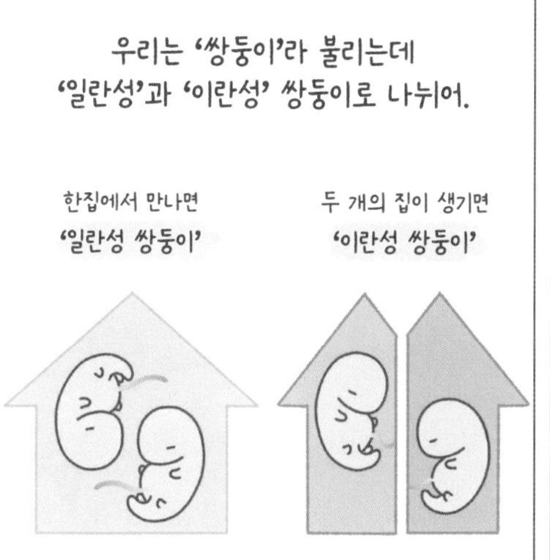

가끔 같은 방에서 지내는 둥이들도 있대.
근데 그건 좀 위험하다고 해.

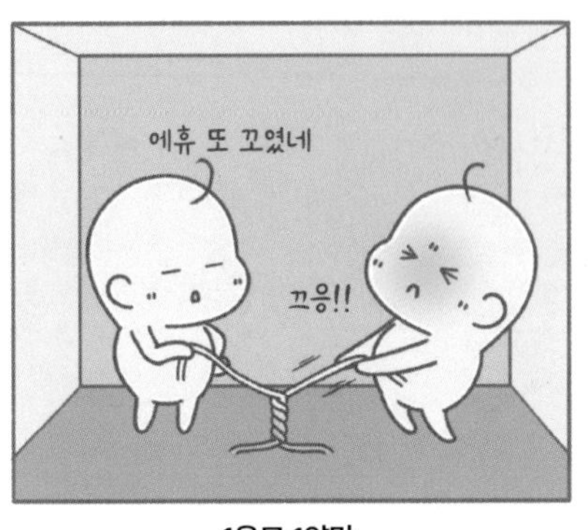

1융모 1양막

우린 14주차 정도부터 서로 접촉도 하고
우리만의 의사소통이 가능해져.

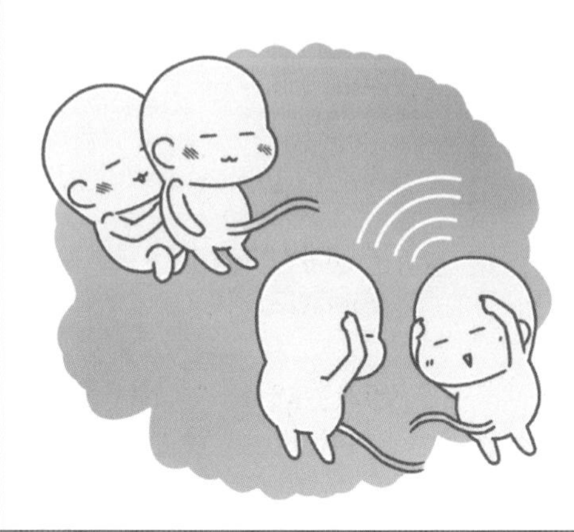

그리고 몸집이 커질수록
집이 좁아져서 불편하기도 하지만

엄마는... 더 힘든 것 같아서 참아 보려고.

내가 먼저
가 볼게.

응! 곧 따라
나갈게…!

그래서 우리는 40주보다 일찍
엄마를 만나러 가.

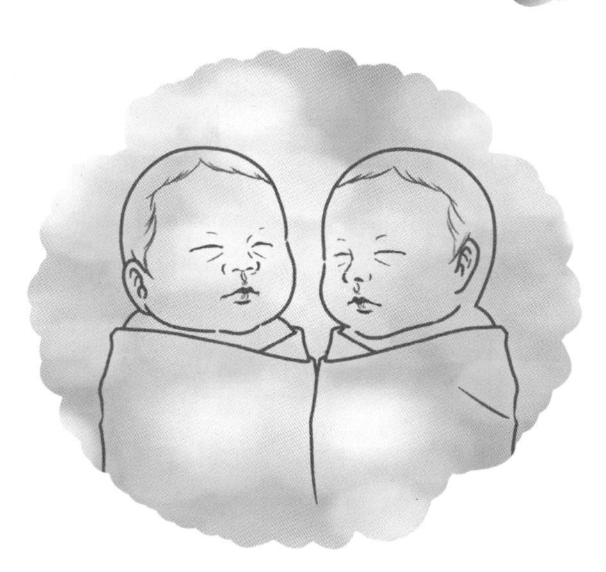

남들보다 많이 힘들었을
우리 엄마.
우리가 두 배로
행복하게 해 줄게요!

엄마의 다이어리

○ 우리 아기는 얼마나 자랐을까?

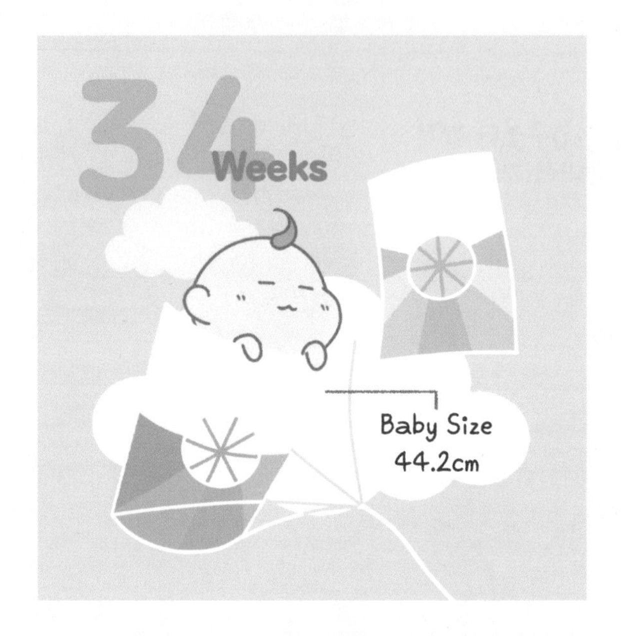

_____ 년 _____ 월 ____ 일 D- _______

엄마의 컨디션 : 😆 🙂 😐 🙁 😖

아기의 컨디션 : 😆 🙂 😐 🙁 😖

○ 나에게 제일 맞는 임산부 운동은?

○ 무거워진 몸 때문에 가장 힘든점은?

35주차

엄마는 지금...

예로부터 임산부들 사이에 전해
내려오던 몇 가지 속설이 있는데...
아가~ 임신했으니 이 음식들은 먹지 말아라
왜요..? 몸에 안 좋은 음식인가요?

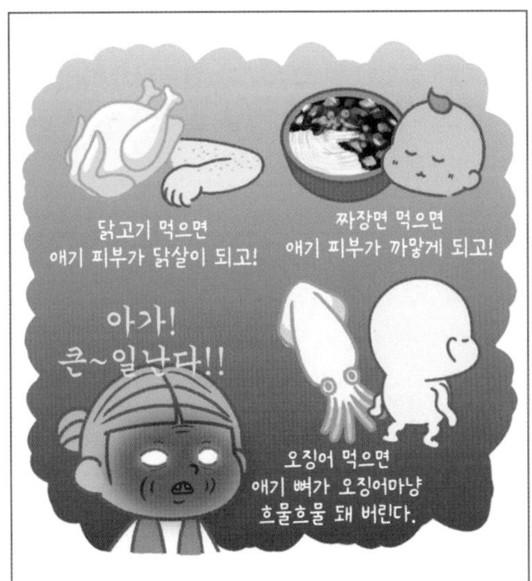
닭고기 먹으면 애기 피부가 닭살이 되고!
짜장면 먹으면 애기 피부가 까맣게 되고!
아가! 큰~일난다!!
오징어 먹으면 애기 뼈가 오징어마냥 흐물흐물 돼 버린다.

지금은 웃으며 넘기는 미신 같은
이야기가 돼 버렸지만
푸핫!!! 그런 게 어딨어~!!
아냐.. 엄마때만 해도 그랬어~ 그래서 진짜 다 안 먹었어~
아니 그럼 문어 먹음 대머리되게?
...잘 아네~

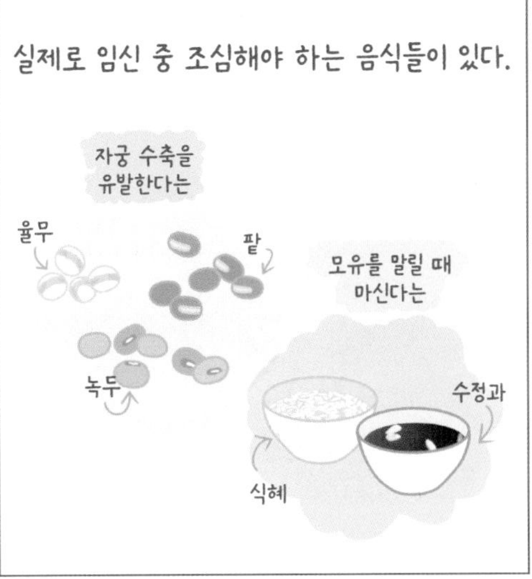
실제로 임신 중 조심해야 하는 음식들이 있다.
자궁 수축을 유발한다는
율무
팥
녹두
모유를 말릴 때 마신다는
수정과
식혜

하지만 중요한 건 섭취량과 횟수이기 때문에
한 트럭을 먹지 않는 이상 큰 문제는 없다.

매운 음식의 경우 아기 피부가 아토피가
된다고 해서 피하라고 하지만

매운 음식과 아토피는 직접적인
상관관계가 없는 것으로 밝혀졌다.

날것도 임신 중 피해야 하는 음식 중
하나인데

신선하고 위생적으로 먹는다면
가능하다는 거!

임신 중 '무조건' 안 되는 음식은 없어요.

어떤 음식이든 적당히
건강하게 먹는 것이
제일 중요하다는 거
잊지 말아요!

35주차

아기는 지금...

저 이상한 음식은
또 뭐지..?
출산이 다가와
태지가 두꺼워져요.
체내 호르몬
분비선에서
호르몬이 나와요.
소변도 매일
0.5리터씩 배출해요.

아기의 이야기

내가 이곳에 들어온 지 얼마 안 됐을 때
한동안 음식을 내려오지 않았었다.

그러다 하나둘씩 음식이 내려오기 시작했는데

처음은 '호두과자'였다.

그리고 일주일쯤 지났을까...

한동안 '매운 닭발'이 내려오더니
이.. 이게 뭐야
먹어도 되는 건가?

면발을 타고 흐르는
끈적한 치즈 소스의 향현이
이렇게 아름다울 수가!
궁극의 고소함이
입덧마저도
잊게 한다!!
美
味
콕콕
느끼하다고
안 먹었던 것 같은데...

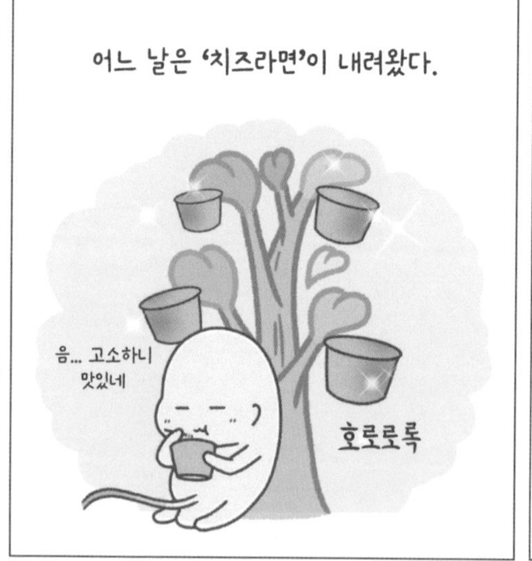
어느 날은 '치즈라면'이 내려왔다.
음... 고소하니
맛있네
호로로록

그렇게 입덧 폭풍의 나날이 지나고
내가 좀 큰 후에는 여러 음식이 골고루
내려오고 있는데

요즘은 매일같이
'딸기'가 내려와
달콤한 하루하루를
보내는 중이다.

엄마의 다이어리

○ 우리 아기는 얼마나 자랐을까?

_____ 년 _____ 월 _____ 일 D- _______

엄마의 컨디션 : 😆 🙂 😐 🙁 😖

아기의 컨디션 : 😆 🙂 😐 🙁 😖

○ 나는 임신 후 '이 음식'은 먹지 않으려고 노력하고 있다!

○ 임신 후 바뀐 나의 식습관은?

36주차

엄마는 지금...

태아가 내려오기 시작하면 위가 편해지고 숨이 덜 차요.

이제부터는 한 주에 한 번씩 검진을 받아요.

배가 더 커지면서 피부 당김이 생겨요.

엄마의 이야기

이제 출산을 한 달여 앞두고 있기 때문에
회사에도 나의 계획을 말해야 한다.

우선 이번 주부터 다시
'임산부 단축 근무'가 가능해졌고

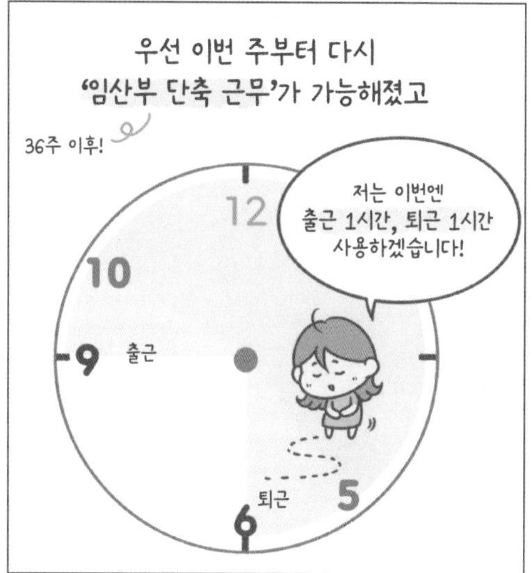

36주 이후가 되면 '태아 검진 휴가'를
일주일에 한 번씩 쓸 수 있게 됐다.

출산 휴가는 총 90일(출산 후 최소 45일)
육아 휴직은 최대 1년까지 사용 가능하지만...

그럼 출산하고
출산 휴가 3개월이면...
아! 제가 육아휴직도
함께 사용할까 하는데요.
1년 다는 아니고...
아.. 육아휴직까지
붙여서 쓴다고..?
흠...
타닥타닥

현실적으로 이 제도를 마음 편히
누릴 수 있는 임산부는
뭐..
도란 씨도 잘 알겠지만
우리 일이 워낙 바빠서
그 긴 시간 대체 인력도
마땅치 않고...
복직했을 때
도란 씨 자리가 있을
거라는 장담을
못 해주겠네.
아니 뭐 그렇다고
휴직을 쓰지 말란
얘기는 아니고~

아마 얼마 없을 거라고 생각된다.
아~ 그런가요?
그.. 그럼 안 되죠!
저 그럼 출산 휴가만
쓸게요!
괜찮겠어? 아니
쓰지 말란 건 아냐..
하.. 하하하
친정 엄마 계셔서요~
저희 팀원들한테
좀 미안하기도 하구요.

그러고는 서러움이 몰려와
집으로 돌아와 얼마나 울었던지...
바보같이 거기서
'왜 안되냐?!'를
못 하냐고!!!
단축 근무도
그래 얼마나
눈치주는 줄 알아?
우리 엄마는
무슨 죄야!!
으어어어어어어어엉

잘 버티고 있다고
생각했는데
한 번에 무너져 버린 듯한
하루였다.

임산부가 직장이나 사회에서
눈치 보지 않고
행복하게 출산할 수 있을
그날을 기다려 본다.

36주차

아기는 지금...

골반 쪽으로
내려가면서
태동이 줄어요.

배 둘레가
머리둘레와
거의 비슷해요.

양수량이 1리터로
제일 많은 시기예요.

아기의 이야기

닥터 조와 호두가 함께하는
무엇이든 물어보세요?
자! 첫 번째 질문 주세요!

Q. 임산부 독감 주사 맞아도 되나요?
네! 됩니다~
임신 중에 접종해도 안전하고 임산부는 독감 고위험군이라 접종하는 걸 권고해요.
으.. 주사 무셔

Q. 임산부 전기 장판 사용해도 될까요?
이제 날씨가 추워져 많이들 사용하시죠?
겨울이 오고 있어요!

사용하셔도 됩니다!
전자파가 걱정된다면 핸드폰 사용도 위험한 걸요...
산모가 감기에 걸리지 않는 것이 더 중요해요!
아고 따뜻해

Q. 임신 중 X-ray를 찍어도 되나요?
치과나 외과를 가게 된다면 X-ray를 찍어야 할 수도 있죠?
이렇게요?

가능합니다!
일반 X-ray의 방사선량은 위험이 적기 때문에 필요한 경우 받을 수 있지만
8주 이내 산모는 피해야 하고 꼭 받아야 한다면 '납복'을 입어야 해요.

Q. 임신 중 파마, 염색 해도 되나요?
머리 관리가 꼭 필요한 분들 10달 동안 아무것도 안 하기 힘드시죠?
예뻐져라~~

헤어 시술은 혈류에 흡수되는 양이 극히 소량이라 괜찮지만
네.. 넵
그러세요 그럼...
무.. 무서
그래도 걱정된다면 최대한 두피에 닿지 않게! 순한 제품을 사용해 주세요.

Q. 임산부 체중 증가
어디까지 괜찮은가요?!
없던 식욕도 왕성해지는
마성의 임신 기간!
울 엄마
입 터졌어요!!
적정 체중 증가량은
사람마다 달라요.
체중 미달: 12~18kg
정상 체중: 10~15kg
비만: ~9kg까지!
식욕을 이기지
못 하겠다면
운동이라도!! ㅜㅜ
무조건 잘 먹어야
하는 것보다
건강하고 영양가 있게!
그리고 적당한 운동으로
과도한 체중 증가를
피하자구요!

엄마의 다이어리

○ 우리 아기는 얼마나 자랐을까?

____ 년 ____ 월 ____ 일 D- ______

엄마의 컨디션 : 😆 🙂 😐 🙁 😖

아기의 컨디션 : 😆 🙂 😐 🙁 😖

○ 임신 중 나의 머리, 피부 관리는?

○ 임신 후기, 나의 체중 증가는 적당한가요?

37주차

엄마는 지금...

37주, 이제부터는 아기가 언제 나와도
이상하지 않다고 한다.
헛! 아직 한 달 정도 남은 거 아닌가요?
37주 이후부터는 정상 분만이랍니다. 아기가 나올 준비가 됐다는 거겠죠?
입원 안내서
진통이 온 거 같으면 병원으로 오셔야 해요~!

그렇기 때문에 '출산 가방'을 준비해야 한다.
후... 묘하게 긴장되네? '출산' 가방이라니...
자 리스트 보면서 차근차근 해 보자!
이제 진짜 출산이 다가온 거지!!
ㄷㄷㄷㄷ
자... 우선~

병원에 입원하기 위해서 꼭 필요한!
산모 수첩
산모수첩
신분증
행복 카드

출산 후에 필요한 것들로는...
내의
에구구구
비데 물티슈
복대
산모패드
손목보호대
회음부 방석
슬리퍼
수면 양말

그리고 수유 관련 용품으로는...
수유 브래지어
모유저장팩
핫!!
수유 패드
비판텐 크림
갈아입을 속옷
찌릿찌릿
이건 무슨 느낌?!

개인 세면도구도 챙겨야 하고
샴푸
샤워타올
수건
칫솔
치약

그 외로 챙기면 좋은 것들...
빨대
텀블러
물티슈
머리끈
핸드크림
립밤
화장품

보호자 준비물도 필요한데
여벌옷
충전기
세면도구
슬리퍼
속옷
병원에서 퇴원까지
함께 지내야 하니
필요한 물건들을 챙겨요!
보호자 침구류

마지막으로 퇴원 시에
아기가 입을
옷을 준비한다.

병원마다 지원 품목이 다르니
미리 확인해 보세요.

이 가방과 함께 너를 만나러 가게 될
그날을 기다리며...

37주차

아기는 지금...

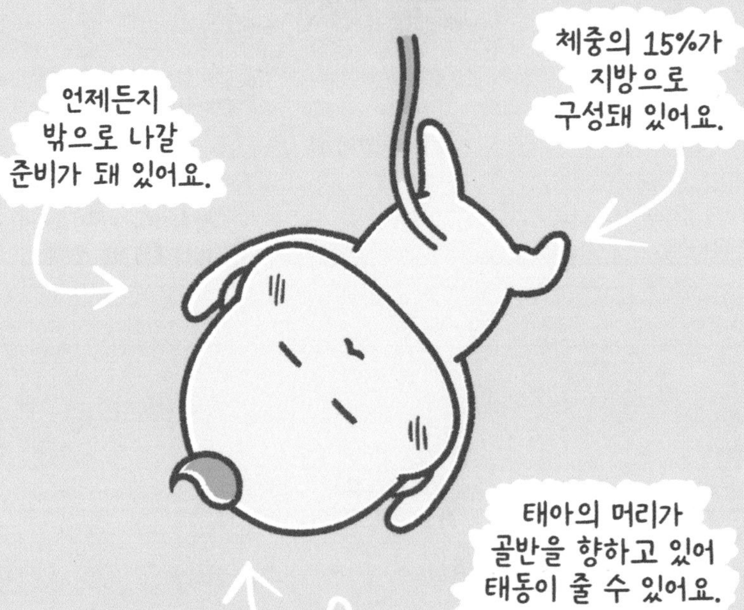

언제든지
밖으로 나갈
준비가 돼 있어요.
체중의 15%가
지방으로
구성돼 있어요.
태아의 머리가
골반을 향하고 있어
태동이 줄 수 있어요.

아기의 이야기

엄마한테 필요한 건 다 챙긴 것 같으니
이제 저한테 필요한 게 뭐가 있는지 알아봐요.
호두네
러브
하우스
짜잔

첫 번째로 의류 용품과 외출 용품!
기저귀 가방
가제수건
내의
배냇저고리
기저귀
아기띠
의류용 세제

두 번째로 내가 먹는 데 필요한 것들이에요.
√모유를 먹는지
√분유를 먹는지
에 따라 준비물이 달라져요.
모유 수유
모유 저장팩
유축기
수유 쿠션

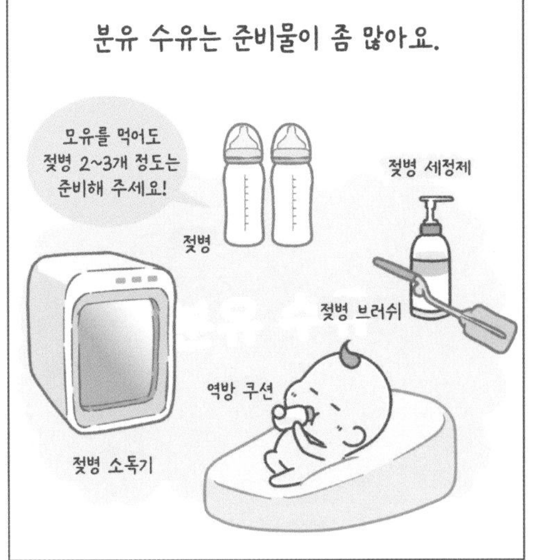

분유 수유는 준비물이 좀 많아요.
모유를 먹어도
젖병 2~3개 정도는
준비해 주세요!
젖병
젖병 세정제
분유 수유
젖병 브러쉬
역방 쿠션
젖병 소독기

세 번째로는 내가 잘 때 필요한 것들인데요

네 번째로는 목욕할 때 필요한 것들이에요.

열심히 준비해 줘서 고마워요
엄마 아빠!

엄마의 다이어리

○ 우리 아기는 얼마나 자랐을까?

_______년 ______월 _____일 D- ________

엄마의 컨디션 : 😆 🙂 😐 🙁 😖

아기의 컨디션 : 😆 🙂 😐 🙁 😖

○ 출산 가방을 준비하면서 기분이 어땠나요?

○ 이제 '곧' 아기를 만나요! 우리 아기에게 해 주고 싶은 말은?

38주차

엄마는 지금...

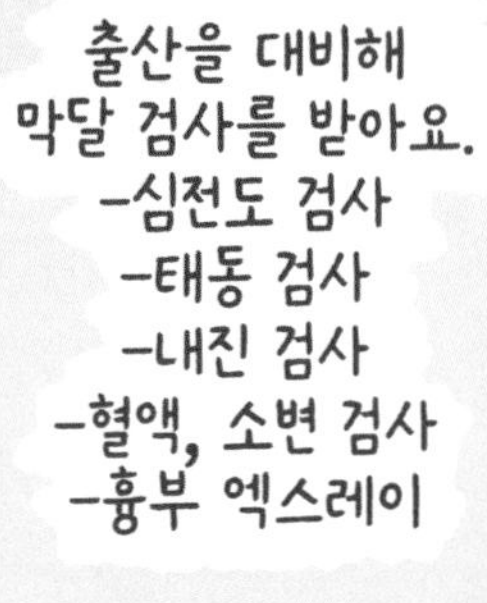

피로감이 몰려 오니
휴식을 취해요.

태반의 석회화,
노화가 시작했어요.

엄마의 이야기

출산 전 나와 태아의 건강 상태를
확인하기 위해 '막달 검사'를 받는다.
종이에 적힌 순서대로
검사받으시면 됩니다~!
호.. 혹시
소변 검사부터
해도 될까요?
넘... 급해서요;

출산 시에 내 몸에서 생길 수 있는
여러 문제들에 대비한 검사와 함께
1. 소변 검사
당뇨, 단백뇨, 비뇨기계
감염 여부 확인
2. 혈액 검사
간, 신장, 갑상선 기능
출산 시 출혈에 대비해
빈혈 수치 확인
마지막이라
좀 많이 뽑았어요~
다...
다섯 통?!

3. 심전도 검사
산모의 심장에 이상이 없는지,
수술을 하게 될 경우
마취에 문제가 없는지를 확인
꿀꺽
아오... 은근
긴장되네

4. 흉부 엑스레이
폐를 포함, 호흡기
질환이 있는지 확인
엑스레이...
아기한테
괜찮을까요?
방사선 차폐막으로
가리니 걱정
안 하셔도 돼요~
차폐막

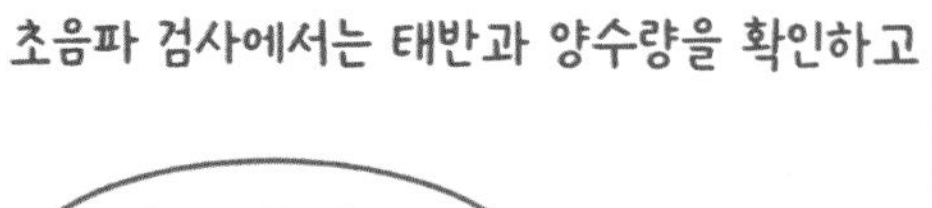

태아가 주수에 잘 맞게 크고 있는지를 본다.

하지만 그냥 넘어갈 리 없는 우리 호두...
설마... 또?!

38주차

아기는 지금...

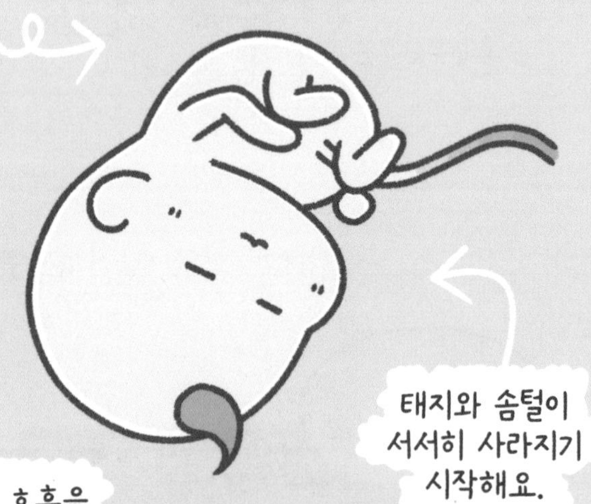

아기의 이야기

아기가
평소에는 어때요?
얌전한 편인가요?
아뇨... 평소엔 탈수기
체험 가능할 정돈데...
아~~그래요?! 그럼
자고 있는 것 같으니
이걸로 좀 깨워 볼게요~
아니 얘는 뭐
검사만 하면 자!??!
배에 진동을
좀 줄 거예요

ZZZ
스읍...

일어납니다!!!!!
화들짝!

태동 검사 위원회에서 나왔습니다.
노는 거
체크만 하고
언능 갈게요~
아휴~
요란스러워 증말
정쉰차리고
검사받숩뉘드왓!
벌떡
자다가 이게 뭔...

저희 아기 검사때마다
자는데 그 진동기는
확실하게 깨우는 것
같더라구요 ㅋㅋ
아~ 그랬네요? 호호
그래도 일어나서는...
태동도 활발하고
심박수도 건강해요!
배에 이렇게
지이이잉

그리고 다가온 '공포의 내진 검사'!!!!
자~~ 이제
마지막 '내진 검사'만
남았네요...?
긴장하시면
더 힘들어요~!
릴렉스~~~
네... 네..
넵!!!!

응? 닥터 조??
아직 안 갔어요?
아까 간다고 그랬..ㅈ...
아~여기
있었네요??

다..닥터 조 아닌데?!
누... 누구세요?!?
반가워요~
이렇게 만나는 건
처음인 것 같네~
근데..묘..묘하게
닮았어..!!!
검사할 게
있어서 왔어요~!

우리 아가 위치랑
자세도 좋고
자궁 문은.. 1cm 정도
열렸구요~~
자궁 경부도 많이
부드러워졌어요
꾸욱
이 분은 집에
들어오진 않네..?

내진 검사
생각보다 많이
아프진 않죠?
산모님은
예정일 기다리면서
자연분만 준비하시면
될 듯해요~~
네!! 주변에서
엄청 겁줬는데
참을 만하네요~!
내진 검사를 끝으로 나도 호두도...
우리 이제 만나~ 당장 만나~ ♬♬

엄마의 다이어리

○ 우리 아기는 얼마나 자랐을까?

_____ 년 _____ 월 _____ 일 D-_______

엄마의 컨디션 : 😆 🙂 😐 ☹️ 😖

아기의 컨디션 : 😆 🙂 😐 ☹️ 😖

○ 공포의 내진 검사…어땠나요?

○ 나의 막달 검사 결과를 기록해 주세요!

39주차

엄마는 지금...

출산에 대한
불안함이 몰려와요.

출산 호흡법을
연습해요.

아기가 골반 신경을
눌러 다리 저림이
생길 수 있어요.

가진통이 더
자주 발생해요.

엄마의 이야기

분만은 크게
'자연분만'과 '제왕절개'로 나뉜다.
제왕절개
자연분만

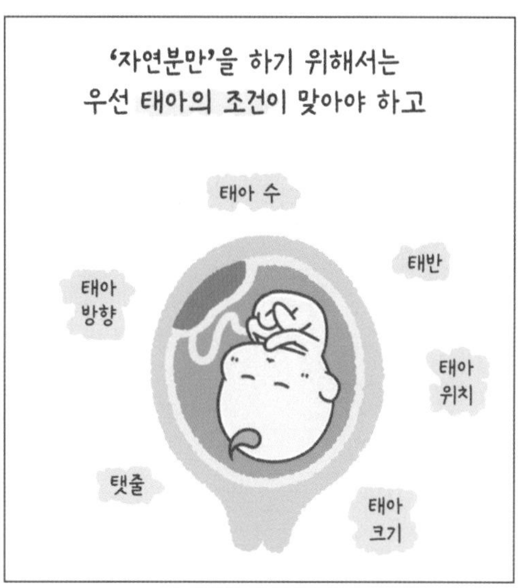
'자연분만'을 하기 위해서는
우선 태아의 조건이 맞아야 하고
태아 수
태반
태아 방향
태아 위치
탯줄
태아 크기

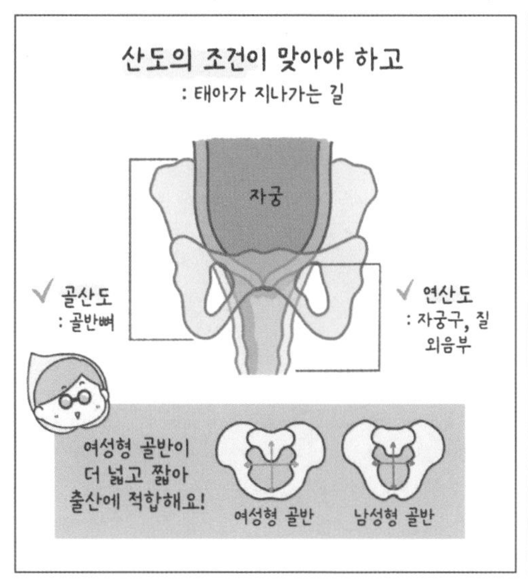
산도의 조건이 맞아야 하고
: 태아가 지나가는 길
자궁
골산도
: 골반뼈
연산도
: 자궁구, 질
외음부
여성형 골반이
더 넓고 짧아
출산에 적합해요!
여성형 골반
남성형 골반

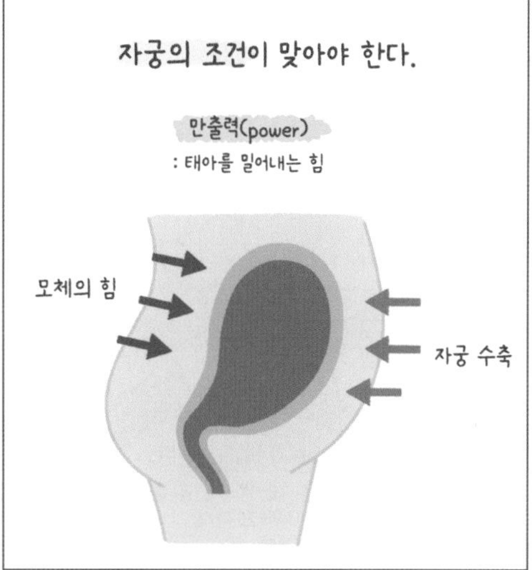
자궁의 조건이 맞아야 한다.
만출력(power)
: 태아를 밀어내는 힘
모체의 힘
자궁 수축

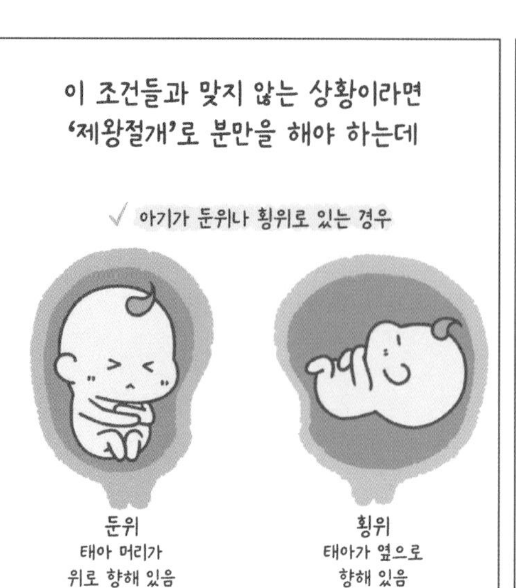

이 조건들과 맞지 않는 상황이라면
'제왕절개'로 분만을 해야 하는데
✓ 아기가 둔위나 횡위로 있는 경우
둔위
태아 머리가
위로 향해 있음
횡위
태아가 옆으로
향해 있음

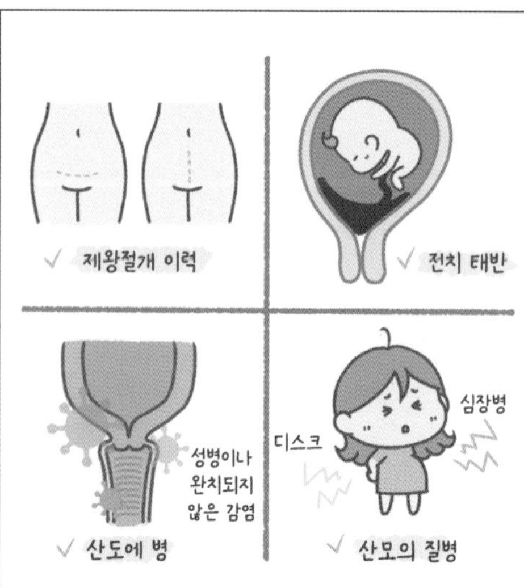

✓ 제왕절개 이력
✓ 전치 태반
성병이나
완치되지
않은 감염
✓ 산도에 병
디스크
심장병
✓ 산모의 질병

나의 막달 검사 결과로는
'자연분만'이 가능했는데
나는 제왕절개 했는데..
그건 낳고 나서
지옥이야ㅋㅋ
근데 자연분만..
진통할 생각하니
너~~무 무서워요....
자연분만은 '선고통 후지급'
제왕절개는 '선지급 후고통'
이라고 하지?

그럼 부장님은...
자연분만이셨어요?
아님 제왕?
나는 진통만 12시간 하고
분만실 들어갔는데
애가 안 내려와서 위에서
누르고 난리도 아니었지..
으아아아!!!
산모님
힘 주세요!!!
아 그래도
자연분만 하신 거네요?
음.... 그게....

부디....
평탄한 출산이 되길 바란다.

39주차

아기는 지금...

아기의 이야기

가뜩이나 요즘 집이 좁아져서 불편했는데
드드드드드
엇?! 또 시작이다!!!
악!! 우리 집 무너지진 않겠지?!

근래 들어 집이 흔들리다 멈추는 일이 많아졌다.
휴~ 그래도 금방 끝났네.. 닥터 조!! 요즘 계속 이렇게 집이 흔들려요~
이 현상은 말이죠~ 호두가 이 집을 나갈 때가 다가왔다는 징조예요.
진진통은 아니고... 가진통 같네요.

앞으로 이런 진동이 계속 될 텐데
지금보다 더 세지고 규칙적으로 바뀌는 날이 오면
아악 서있기도 힘들어
으아아아
그땐 정말 이 집을 떠날 준비를 해야 해요

그런 진동이 오면 호두도 이 문 쪽으로 와서 나갈 준비를 하고 있어야 해요.
지금보다 더 세진다고요? 그건 좀 무서운데...
우리 연습한 자세 기억하죠?

네!! 아~그리고
저 궁금한 게 있어요.
며칠 전부터 '코르티솔'이
자주 오는데요...
아~그건 말이죠
엄마가 출산을 앞두고
심리적으로 많이
불안해서 그럴 거예요.
소곤소곤
소곤소곤
아...그런데
문제가...

얘가 너어어무
커졌어요....
흑흑흑...
에구머니나!!!!
집이 꽉
차 버렸어요.

으아아아아!
지금...어디에서
뭐가 나오는...?
세상에...이렇게
아파한다고?
쑤욱
아랫부분이...
찢...ㅇ..뭐?!?!
무통이 안 듣는
사람도 있...?

선생님 저...
잘할 수 있을까요?!
너무 무서워요!!!
요즘 매일같이
출산 영상만 찾아보더니
엄청 우울해 해요.
초산이면 진통을
얼마나 할까요?
그러다
수술하게
되면요??
힘주기 못하면
어쩌죠?
음...도란 산모님~
많이 걱정되시죠??
으어어엉....

엄마! 너무 걱정하지 말아요.
우리 같이 힘내요!

엄마의 다이어리

○ 우리 아기는 얼마나 자랐을까?

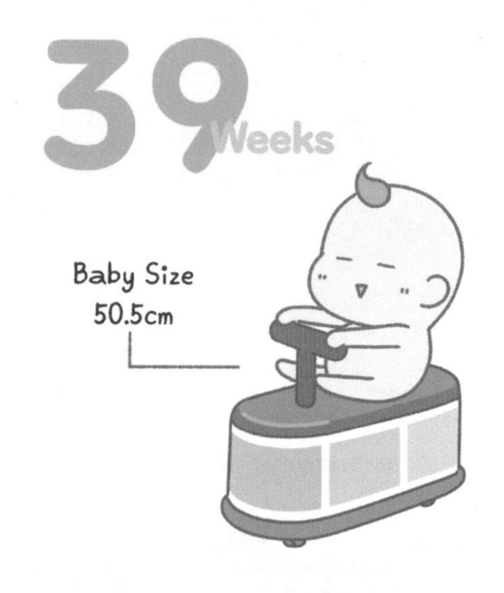

_____ 년 _____ 월 _____ 일 D- _______

엄마의 컨디션 : 😆 🙂 😐 ☹️ 😖

아기의 컨디션 : 😆 🙂 😐 ☹️ 😖

○ 나의 분만 예정일과 분만 방법은?

○ 출산에 대한 두려움을 어떻게 극복하고 있나요?

40주차

엄마는 지금...

예정일이 넘어가면
유도 분만을
할 수 있어요.

진짜 진통은
규칙적이고
훨씬 강해요.

양수가 터지면
48시간 이내로
분만을 해야 해요.

엄마의 이야기

40주, 출산 예정일을 며칠 남겨 두고
휴직에 들어갔고
예정일이 언제라고?
내일모레요. 떨리지만 잘 하고 올게요~
아기 낳으면 연락해! 바로 옆이니까 달려 갈게~~
도란 씨 순산해요!!

아기 맞을 준비를 하며 집에서
편하게 쉴 수 있을 줄 알았는데
흐으응~ 콧노래가 절로..ㄴ..

진통 주기 어플의 노예가 되었다.
음? 마지막 건 5분인 것 같은데... 아직인가?!
근데 더 아파지는 거 같기도 하고... 아닌 것 같기도 하고!!!
벌떡
헷갈려 죽겠네!!
긴가민가 하네...

그리고 괜히 마음만 급해져서는
아기가 빨리 내려온다는 여러 방법을
시도해 본다.
짐볼 타기
쪼그려 앉아 걸레질하기
계단 오르내리기

많이 걷는 것도 도움이 된다고 해서
열심히 걷다 들어온 어느 날...
많이 걸어서 그런가... 배가 확실히 뭉치네 그리고 배도 아파....
어?!? 배 아파?? 호두...야?!?
아...그 배 아니고 다른 배.... 똥 마려....
아....화장실 ㄱㄱ

시원하게 볼 일을 마쳤는데도
배가 계속해서 불편했다.
으... 다 쌌는데도 싸르르 계속 아프네...
혹시 모르니 진통 간격 체크해 봐야 겠...ㄷ

어억!!!!!!!

전에 느끼지 못했던 강렬한 고통이었는데...
도리야... 배가...아파....
응? 덜 싼 거 아니야...?
아니... 그 배 아니고 다른 배...... 같..

아아악!!!!!!!
호...호두!! 호두 나오려나 봐!!
어어어~!???
정말이야???
가...가방
출산 가방!
아..아니
병원 연락!!!
으어어억

마침내 진짜 고통이 시작됐고
우리는 서둘러 병원으로 향했다.
병원에서 몇 분
간격이냐고 하는데?
5분....?
5분이면
가진통일 수...
그...그럴 일 없어
진짜 겁나 아파!!!!!!

가다 서다를 반복하며 겨우 도착한 병원.
산모님~ 우선
옷 갈아입으시고
남편분은 이쪽에서
서류 작성해 주세요.
으어어어....
네~

굴욕 세트 중 하나인 '관장'을 먼저 하는데
10분 참으라고 하셨지...?
아기 낳을 때 같이 낳는(?)
대굴욕은 피해야지
아까 싸고 와서
더 나올 것도 없겠지!!

감히 '10분'을 버틴 산모는 없다고 본다.
흡! 하! 읍!!
이...이게 가능해?!!
바들바들
결국 5분 버티다 감....

입원실에서는 진통과의 사투가 시작됐는데
정말이지 너무 힘든 시간이었다.
선생님...너무 아파요!!!
무...무통은 언제 받을 수...
흐으으어억!!!!
저번에 받은
내진이랑 달..ㄹ...!!!!
악!!!!!!!!!!
자궁문 3cm
열렸네요~ 무통 주사
놔 드릴게요.

그렇게 무통 주사를 맞았는데...
거짓말 같이 통증이 사라졌다.
지금 진통
수치 9 찍는데
괜찮아....?
와... 진짜 하나도
안 아파!!! 신기하다
편안
대신 아무
느낌이 없어....

그 상태로 5시간쯤 지났을까...?
자궁문이 다 열렸고 양수가 터졌다.
산모님! 자궁문
10cm 다 열렸고
아기 머리 보여요!
이제 분만실로
가실게요!!
네에?!?
분만실이요?!

입원실과는 사뭇 다른 분위기의 분만실.
처음 보는 풍경에 덜컥 겁이 났다.
자~ 이제 우리 힘내서 아기 만나 봅시다!
산모님이 힘주기 잘해주셔야 아기도 힘들지 않아요~~!!
수축에 맞춰 힘주기 합니다~!! ...지금이요!!!!

산모님! 얼굴로 힘주시면 안 되고 큰 일 본다는 느낌으로 아래에 힘주세요!!
흐으으읍!!!
끄으으응!!!
다시!!!! 힘!!!

선생님.... 아래에 감각이 없어서 힘이 잘 안 들어가요...
저... 못하겠어요 으어어엉
산모님 울면 아기 숨쉬기 힘들어요~!!
허억허억
엄마 잘하고 있어요! 거의 다 됐어요! 아기 나오고 있어요!

자~~엄마! 마지막 힘주기예요!!
하나~ 둘~ 셋!!!!
끄아아아악!!!!

40주차

아기는 지금...

출산 중 옥시토신이
태아의 뇌를
보호해줘요.
출산 후
2-3주까지는
신생아 자세를
유지해요.
태반에서 받은
면역항체가
6개월 유지돼요.

아기의 이야기

닥터 조가 말한 강렬한 진동이 시작된 날,
나는 '옥시토신' 호르몬을 만났다.

진동은 시간이 지날수록 강력해졌지만
옥시토신 덕분에 무섭지 않았다.

시간이 얼마나 흘렀을까... 정신을 차리고 보니
항상 닫혀있던 그 '문'이 활짝 열려 있었다.

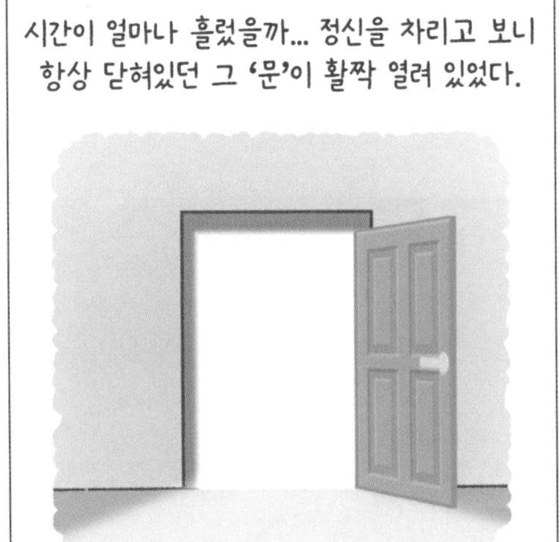

10달 동안 정이 많이 들었나 보다.
하지만 아쉬운 작별을 뒤로 하고 열심히 걸었다.

얼마나 지났을까? 끝이 보이지 않는 길.
슬슬 지치고 무서워졌다.

지쳐 주저앉은 그때...
멀리서 나지막이 들려온 익숙한 목소리

열 달 동안... 내가 너무나도
보고 싶었던 우리 엄마

10달, 40주,
280일...
우리의 간절한
기다림의 마침표.

엄마의 다이어리

○ 우리 아기는 얼마나 자랐을까?

_____ 년 _____ 월 _____ 일 D- _______

엄마의 컨디션 :    

아기의 컨디션 :    

○ 분만 과정 중 어떤 게 가장 힘들었나요?

○ 처음 만난 우리 아기에게 해 주고 싶은 말을 적어 주세요!

에필로그

40주 1일 출산

몸무게 3.28kg

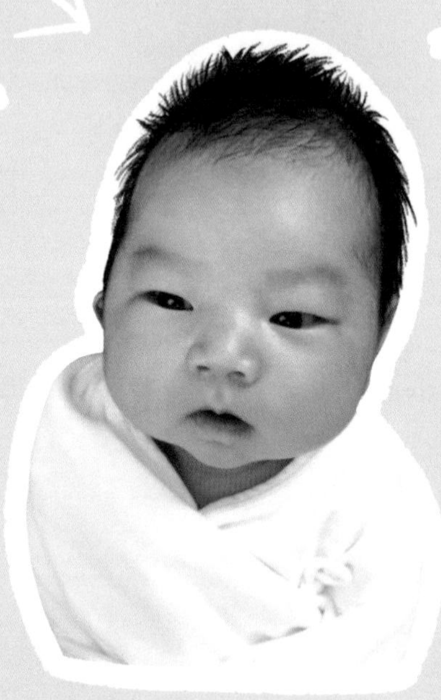

키 52cm

4월 26일생

혈액형 B형

진통 5시간

2021년, 코로나로 인해 많은 것이 멈추고 변할 수밖에 없었던 그때 나의 십여 년의 직장 생활이 끝났다. 갑작스레 주어진 여가 시간을 어떻게 하면 의미 있게 사용할 수 있을까 고민하다 불현듯 마음속 깊은 곳에 담아 두었던 도전이 생각났다.

그건 바로 '웹툰 그리기!' 부모님께서 주신 귀한(?) 재능을 이대로 썩히기엔 너무 아쉬웠던 나는 한번 저질러 보기로 했다. 웹툰을 연재할 주제로는 많은 후보가 있었지만 번듯한 태교 일기 하나 쓰지 못했던 나의 임신 기간이 너무 딱해 그때의 나를 위해, 우리 첫째를 위해 '우리의 임신 이야기'를 그리기로 마음먹었다.

그렇게 시작된 '40주 다이어리'. 처음 계획과는 달리 연재 기간도 길어지고...휴재도 많아졌다. 중간에 멈추고 싶은 순간도 있었지만, 독자님들의 많은 응원이 정말 큰 힘이 되지 않았나 싶다. 연재하면서 인스타그램이라는 소통의 장을 통해 임신을 준비하고, 출산을 준비하고, 육아하는 많은 독자님을 만날 수 있었다.

나의 이야기에 함께 공감해 주시고 각자의 이야기를 나누고 다양한 정보를 공유할 수 있던 시간들. 구독자님들 중에는 예비 아빠들도 계셨는데 부부가 함께 툰을 보면서 아내의 임신을 공감하고 응원해 주는 남편들이 많아서 정말 뿌듯했다. 이런 것들이 나에게는 '웹툰 연재'를 끝마치는 것보다 더 값지지 않나 싶다.

연재하면서 이왕이면 내 작업물이 책으로 만들어지면 너무 좋을 것 같다고 막연하게 생각하고 있었는데... 다락원과 좋은 인연이 되어서 진짜로 내 책이 만들어지다니...!!! 이런 행운이 나에게 또 있을까 싶을 정도로 감개무량하다! 예쁘게 잘 엮여 임신을 준비하고 출산을 앞둔 모든 예비 엄마, 아빠 독자님들께 40주 임신 기간 동안 힘이 되는 책이 되었으면 한다.

마지막으로 이 책을 준비하면서 가장 큰 힘이 되었던 나의 남편 '도리'! 묵묵히 나의 꿈을 응원해 줘서 고마워! 그리고 이런 좋은 재능을 물려주신 우리 부모님, 항상 건강하세요. 나의 정신적 지주 괴육모임, 사랑합니다.

끝으로 이 책의 또 다른 주인공인 우리 '호두'. 이제는 '은호'가 되어 많이 부족한 엄마 옆에서 너무나도 잘 크고 있는 우리 착한 아들! 무뚝뚝한 엄마라 잘 표현하지 못 하지만, 마음속 깊이 우리 은호 엄마가 정말 사랑해. 너는 영원한 엄마의 첫사랑일 거야!

메모